以
心
照
物

观照——栖居的哲学

洪卫 著

上海古籍出版社

序
一

三十年来，我们对家具的认识理解日趋深刻，尤其对脱胎于中国传统家具的新设计，总有一种隐隐的感觉：感觉一代人中会有人颖脱而出，在传统的经典作品感召下，家具新设计出现，无愧于信息革命的时代。

信息革命让我们无时无刻不在接受海量信息，如果刻意选择，某一类信息会集中出现，集中出现的好处是可以归纳总结，有心者可以让这个文化基因突变。这个突变是有限度的，限定在总体文化的大框架之下，让其传递文化符号时，既有坚实的基础，又有穿透的力度。

其实中国传统家具自先秦一脉相承，虽然唐宋之际，国人彻底改变了起居方式，但家具的精髓一直延续，从这点上讲，此次中国家具的新设计，也应该逃不出这一文化宿命。

国人对家具的认知有一个断层，至少两代人忽视了家具中的文化。其实，家具是建筑之外最重要的文化构成，它除去使用功能外，更重要的是陈设功能。清朝末年西风东渐，对中国传统建筑与家具冲击最大，导致今日的明清之前的建筑都成为景点。明清家具已成为文物，而新建筑、新家具几乎与中国传统文化无关。这长达百年的现象给国人带来了文化的伤楚，忽然有一天感到自己找不出根了。

传统家具由于先行者的自觉，渐渐起死回生。德国人古斯塔夫·艾克（1896—1971）率先研究中国经典家具，他对这"谜一般完美"的家具如痴如醉，著书立说，载入史册。可以说，这本出版于1944年的《花梨家具图考》是一切后来者的启蒙范本，凡后来半个多世纪的所有著书者，无不踏着艾克的脚印前行。此书初版只印了二百册，至今区区七十五年矣。

七十五年对古人几乎是一生，对事物不过一瞬。我喜欢家具的日子，全世界有关中国古家具的书只有几册，而今天相关书籍一个大书柜恐怕都摆不下。但如此海量的书中，大部分属旧物新陈，少部分为新物旧样，至于既有中国传统文化精髓，又有新时代烙印的创新者寥寥无几，原因不言而喻，缺乏对古家具深层次的理解，也没有行之有效的文化沟通。

这种理解至少有三层。首先是古代人文层面对起居的要求，它包含着古人的生存哲学，以致唐宋之际国人由席地坐转为垂足坐时，这一朴素哲学仍然起作用；其次是古人的生活美学，家具是室内的重要陈设，它品质的高低决定生存质量的优劣，家具品质取决于设计，做工与材质必定随后；再有就是家具的舒适度，在尊严第一的原则下强调舒适，舒适必须顺应文化，不与尊严冲突，主次兼顾，缺一不可。

所有这些说到容易，做到很难。所以几十年来，在家具传承与创新大潮中，优秀者凤毛麟角，照猫画虎者众多；在国学丢失许久后，从骨髓中理解中国传统经典家具的确很难。管子说："君子使物，不为物使。"列子说："天生万物，唯人为贵。"孟子说的更深一些："万物皆备于我矣。"家具当为万物之一，存在道理与之相同，不懂这些，难以成就。

我与洪卫先生起先并不相识，缘份由我早年出版社的同事吴勇先生相连接。这些年我没少看仿古家具、新派家具，还有一类创新家具，多为大同小异，或者标新立异；无论何者，少有对家具充分理解后再动手，都显得操之过急，急功近利，结果适得其反。洪卫的家具设计，可以从中看出他的深思熟虑，还可以感到他的三思而行，有几款家具有望成为经典。

东汉思想家王充有本著作《论衡》，其中有一句极其深刻："入道弥深，所见弥大。"中国古代家具历经数千年演进，去其糟粕，留其精华，讲究的是"道"，形而上者谓之道，形而下者谓之器。制器者，不论优劣；入道者，高低自现。

是为序。

艺术专栏作家、收藏家

序

二

洪卫，是当代中国设计最有趣、最重要的开拓者之一。他以其杰出的才华，在平面设计和家具设计领域中自由驰骋，令人惊叹。事实上，他的家具设计，线条凝练，挥洒自如，与他充满才情的平面设计一样，外师造化，中得心源，在器物上呈现出强烈的人文性和精神性。他深信，"东方"这个近乎玄学的概念，应在万物中观照。他是静默的悟道者，深信"道法自然"，执大象，天下往，人文与自然本是同根。他敬畏天地，珍视一花一木。正如他所说，"设计就是相互联系"，设计应该在功能、情感和灵魂层面上将人、物和天地自然联系在一起。

洪卫学养深厚，训练有素，是专业视觉传达者，取得今日之成就，水到渠成。十多年来，他一直倡导将平面设计与中国文化相融合，将东方精神灌注到设计之中。他上下求索，身体力行，他的家具设计，升华了东方神韵和中国美学，他的作品也成为了文化精品和工艺典范。他坦言，他的目标不仅是将东方哲学融入家具设计，而且将传统工艺的智慧与当代生活的优雅简约相结合，以此来激发人类关于"禅"的深邃哲思和生命体验。本书将向大家展示他的心路历程，以及成功之道。

洪卫的作品特色鲜明，辨识度极高。他用"东方韵"来描述他的家具设计，使古老的工艺焕发出新的活力与生机。作为一名出色的悟道者，他潜心钻研明代家具，从古代大师那里获益匪浅，创造出融合了现代与古代造型、比例精妙的家具。洪卫的设计，正如那把由 327 根部件构成、灵感源自鲁班锁的"熙椅"，指向中国家具设计的新的造型自信，匠心独运，极富魅力又令人神往。

[英] 夏洛蒂·菲尔 彼得·菲尔
设计史、设计理论与批评学者

Hong Wei is one of the most interesting and important pioneers of New Chinese design, who uniquely spans the worlds of 2-D graphic design and 3-D furniture design. Indeed, his furniture has a very strong graphic quality with its bold outlines, while in contrast his graphic artwork possesses a strong feeling of physicality and materiality. For him, the term 'oriental' implies concepts that dwell in the metaphysical realm, which can be embodied in material objects. He also, in accordance with Taoist philosophy, believes human activity must be in accord with nature, and as such acknowledges the preciousness of the materials he works with and how they must be treated with the utmost reverence. As Hong notes, 'Design is about relationships' by which he means the connections that bind people, objects and nature on a functional, emotional and spiritual level.

This attitude is not so surprising when you consider Hong is by training and profession a skilled visual communicator, who over the last decade or so has been an influential advocate of infusing graphic design with relevant Chinese content. In effect, he is doing exactly the same thing within the realm of furniture design with his pieces being an almost spiritual distillation of Chinese form, as well as exemplary craftsmanship. His avowed aim is to provoke a Zen state of human experience by creating furniture that is not only infused with oriental philosophy, but that also unifies the wisdom of traditional craftsmanship with an elegant simplicity suited to contemporary lifestyles. Over the coming pages you will see that he eloquently fulfils this mission.

Hong Wei's work possesses a very distinctive character that gives it an immediately identifiable 'signature'. He describes his furniture as having 'oriental rhyme', and certainly his designs have a tangible craft spirit that looks to the past and then revitalises it for the present. Over the years, Hong Wei has been given a rare and privileged hands-on insight into the remarkable constructional secrets of the Ming Dynasty's furniture makers. And as a good student he has learnt his lessons well from these past masters. So much so, he is now able to create furniture pieces that are exquisitely proportioned, contemporary three-dimensional summations of age-old furniture forms. Hong Wei's designs, such as his extraordinary Xi armchair made like a burr puzzle of 327 elements, point towards a new sculptural confidence in Chinese furniture design that is both fascinating and thrilling.

序

三

"观照"二字，对于设计师来说，是极其重要的。正如古罗马的哲学家普罗丁所说："没有眼睛能看见日光，假使它不是日光性的。没有心灵能看见美，假使他自己不是美的。你若想观照神与美，先要你自己似神而美。"洪卫的设计，其精微处是以心照物。

如何来观照？在西方哲学的语境里，特别是以柏拉图为代表的哲学体系来说，世界分成了两个：我们生存的这个现实世界和更真实的理念世界。这个世界是理念世界的摹本和幻影。柏拉图曾经感叹，只有极少数天才的灵魂才能隐约窥见理念世界，能够忆起理念世界的静穆和美的光华；大多数的灵魂被肉体所拘，黯淡无光，就像珍珠被蚌肉紧紧包裹一样。在谈到美的时候，柏拉图认为要向上观照，看到美的精神性。美不是精致的陶罐，不是漂亮的牧羊女，在欣赏美的时候，应该从一个具体的器物升华到美的本体上去，去观照美的汪洋大海，那一切美的和善的事物的普遍制作者、那光中之光。

柏拉图的另一个理念是爱，因为美是以爱为驱动，爱让我们和这个世界有了紧密的联系，对于造物的设计师来说，心灵的纯净和喜悦，其根源便是爱。柏拉图形容，爱与美之神阿弗洛狄忒行走在人心最柔软之处，爱是柔软的心。美永远与善和爱、与人文精神相联系；善和爱是人类的理想，美如果离开了善意与关怀，就无法获得它的价值意义。美的价值正是以某种方式包含着伦理的东西，在美的价值的深处要见出伦理的价值。正如康德说的，实践理性是最高范畴。

从东方哲学的语境来说，中国文化特别重视心与物的关系，中国美学重在心，以心照物、心物相照。阳明大师说："圣人之学，心学也。"《传习录》有一段经典记载：先生游南镇，一友指岩中花树问曰："天下无心外之物，如此花树在深山中自开自落，于我心亦何相关？"先生曰："你未看此花时，此花与汝心同归于寂；你来看此花时，则此花颜色一时明白起来，便知此花不在你心外。"以心照物，是心学最精髓的部分。以心觉照，赋予物以意义和价值，这就是立在心上。什么是天地的心？人是天地的心。什么是人的心？灵明觉照，这就是心的本体。做任何设计，尤其是家具设计，作为设计师，要赋予材料以形式，赋予自然以灵魂，赋予必然以自由，赋予有限以无限。一朵花的价值和意义，由观看者的心来赋予；一个作品或一件家具动人心魄的美，要由造物者和观赏者的心来赋予。设计师就是造物者。造物，对设计师的心性有很高的要求。设计师作为审美主体，须有一种生活、一种人格、一种胸襟、一种生命精神来面对一山一水、一花一木。

洪卫涉猎西方文化很深，但更体贴中国文化传统。构建当代中国美学，必须懂得物象和心境的关系。洪卫是深深懂得个中三昧的。要从物中看到人文，看到人的精神性。作为平面以及家具设计师，他善于运用中国文字、中国山水、中国意象，作为爱物、惜物、造物之人，他的设计作品体现了东方的文化语境和传统气质，这就是美善的价值和人性的关怀。中国的传统文化，儒家多谈美和善，尽善尽美，文质彬彬，然后君子。儒家更重视善与美的心境的可传达，忠恕之道就是世界共通的文化价值。佛家强调悲悯；道家非常强调精神性，尤其是庄子，真正做到了与物同春，神与物游，中国宋元山水画的精神，就是庄禅之意境。

设计可触的，是"形"；不可触的，是"心"。洪卫无论是平面设计还是空间设计，都是致力于把有形的器物和无形的东方精神相融，用设计找回一颗诗意栖居的心。初学设计者经常过于重视形而忽略了心，这样会成长得慢，应该反过来，先在心上用功。从印度传到东土的佛教，与中国的儒家和道家的心学相融，心外无法，佛教看世界的时候讲究一切万法，皆从心生，不识本心，学法无益。真正高明的设计师，会从万法之中观到心境。

设计是文化，要表达人文的情怀，要为人类美好而有尊严的生活做设计，都必须要探求本心。设计者要先修炼自身，怀有敬畏之心，达致神妙之境。

洪卫设计的丰富性，常常令我沉思。我始终觉得，设计者的思维还要像洪卫一样，更开阔一些。禅宗说："道须通流，何以却滞？"中国文化的底蕴非常深厚，中国美学也不是只有几样固定的程式和元素，不只是素简沉潜，也有华丽奔放。作为设计师，更重要的是要学会"活化"，化茧成蝶，呈现当代的价值观。这也是洪卫的设计给我的启发。很多时候我们往往被自己的见识和修养所束缚、限制，这个问题本质上还是心和物的关系。佛家说"照见五蕴皆空"，空性即变化。道家说"道法自然"，许多人以为"自然"就是"自然界"，这是不正确的。郭象注《庄子》，提出"自然即物之自尔耳"，是物之本来如此、自己如此。大象无形、大音希声、大器晚成，都是敞开，而不是遮蔽。我们不要受有形之物的束缚，任何已有之形即是限制，而是要让心灵处在虚静的状态，让形式完美地统率质料，完美地赋予事物以秩序，不见得一定要固守某一种表现形式或文化符号。实际上，天地万物皆为我所用。在大师的手中，是浑然一体的。

以心照物，是中国文化之魂，一草一木莫不如是。设计师应该给设计作品一个灵魂。正如康德所说：一幅画可能很工整，但是没有生气，不能打动人。设计亦如是，缺乏深刻的体会便无法呈现打动人的东西，只有经过心灵的酝酿，才会有醇酒的芬芳和热烈。

我钦佩洪卫的，还有他对生命的观照。人作为一个孤独的个体，怎么来看待自己生命时空呢？就像苏轼讲的："哀吾生之须臾，羡长江之无穷。挟飞仙以遨游，抱明月而长终。"人历经的是这么渺小的生活时空，却想与天地一样长远。万千事物都是生生灭灭的，古希腊的哲学家赫拉克利特告诉我们，我们不能两次踏进同一条河流，因为再次踏入的那条河流已不复是原来的河流了。这是一个震撼人心的深刻洞见，它陡然把我们推向一个流转无常的世界：人既不能两次踏入同一条河流，他也就不能两次经验同一事物。任何事物都是转瞬即逝的，这正是"万物皆流"的含义。这样的情况下，该怎么办？洪卫给了我们很好的提示：在每一朵花中见到世界，在每一粒沙中见到宇宙，在每一个鸟巢中迷恋生活的无穷意趣，在每一个设计中观照内心的喜悦。

美是心灵之光。设计，或者"造物"，是心灵的映射和精神的灌注。设计的底蕴是文化，传递着设计师的价值观和洞见世界的智慧。黑格

尔说，绝对精神是艺术、宗教、哲学，我们也
要观照自己，在何种程度上，我们上达了如此
境界。

是为序。

韩望喜

哲学博士、香港中文大学访问学者

目　录

目　录

镜 · 尊 · 熙 · 交 · 简 · 品 · 端 · 贵 · 态 · 层 · 禅 · 宽

和平面设计中的线一样，三维中的一个面，便可将世界割裂成两半。直到镜子的出现。

镜子复制了另一个世界，一个重复的世界。就像小时候恐怖片里说的，镜子是通往别的世界的媒介，只是这个世界不真实存在，却存在。镜子有自己的世界。

有人试图去探寻镜子的世界。摄影师 Leonardo Magrelli 曾举办过一个特殊的展览，名叫 MeError。特殊之处在于，这次的作品表现的是当我们不在镜子前时，镜子里是什么样的。

乍看时候，会觉得显而易见：镜子终究只是直接的、不更改的反射而已——面对墙时，镜子里便是墙；面对水池中的滴水，镜子里水也一样坠落。但是，我们是否真的曾有一瞬间见过那个"当我们没看镜子时"镜子里的世界吗？要知道当我们想窥探这个"镜中世界"时，我们本身却成了镜中的一部分，原本镜子里的世界便不再是上一秒的样子；而如果我们不去看，那我们又如何见过呢？

我们总试图透过镜子去看自己，认为镜子里的便是真实的世界。但却从未知道过镜子本身所看到的世界是什么。或许，镜子里什么都有，也什么都没有。就像【镜】椅表达的世界一样。它把中间架空了，揣度镜子里原本的世界从来都是空的。你不看时，它如入定般不闻不问这个世界。

但它又不完全空白，我想镜子早就把我们的世界给填充好了。你想看山，它便有了山；你想看水，它便有波澜。

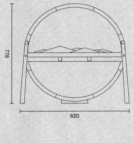

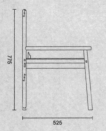

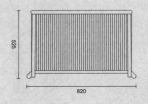

尺寸：L820mm × W525mm × H775mm
材质：黑檀

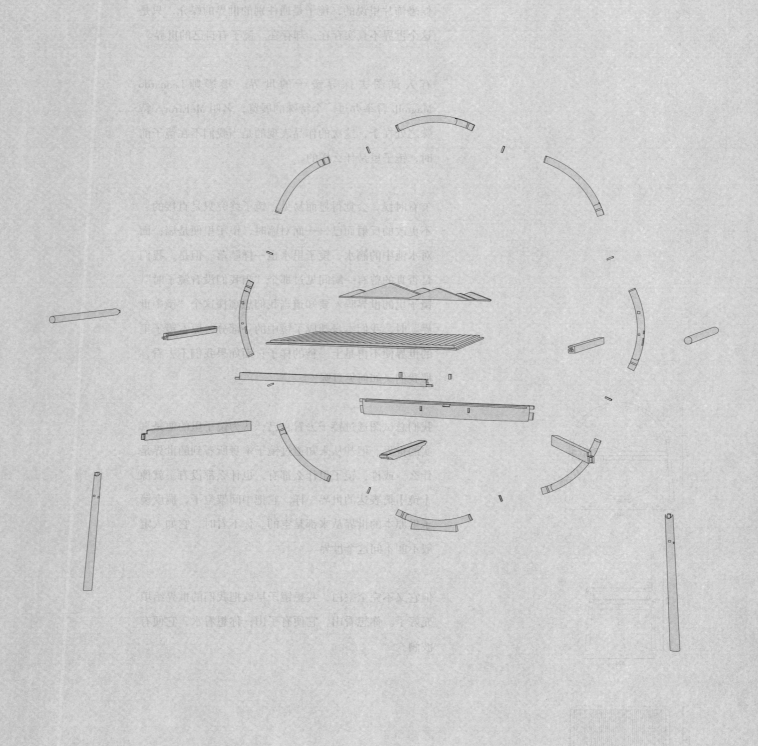

这世上，有人住高楼，有人在深沟，有人光万丈，有人一身锈。虽说那些住高楼、光万丈的人，只是将一身锈，妥帖地藏好了，但这种妥帖与隐藏便是自己留给生活的最后体面。

追名逐利是最简单不过的事。抛开钱权豪物的堆积，真实的体面才真正显现。那既是内心的丰富，将诗书融入腹中，将万千记在心里；也是一种克制，将沧桑之后的尖刺包裹，将本性的欲望熄灭。由此，内心就有尊严。不失本色，而怡然自得。

体面地生活，是简单也难的事情。一个体面的人便如【尊】椅，有棱角亦有温润，考究而不事张扬。他沉浸在生活中，把体面当工具，获得人生的自在澄净。

生活是人生中最宝贵的东西，而大多数人只是活着，大多人应体面活着。

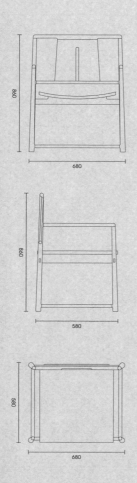

尺寸：L680mm × W580mm × H860mm

材质：黑檀

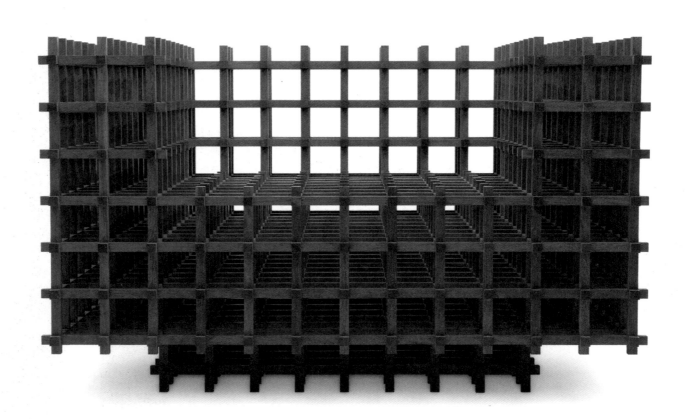

神说，要有光，就有了光。

光相反于黑暗、黑夜，开始区分出了年、月、日。

当普罗米修斯将智慧赐予人类时，奥林匹斯山的诸神毫不在意，直到他将火种偷到了人间，却引来了众神的愤怒。因为光明一旦被点亮，就无法再熄灭。光是神圣的仪式，神权的象征。人类驾驭光，也便掌控了日夜。

也是因为光，人类第一次有了仪式和仪式感。晨起的钟，暮落的鼓；子丑寅卯相接的除夕庆典，还有礼俗中的"冠婚葬祭"。以光为根源，划出时间，凝练出岁数阅历，创造一个又一个仪式。何时远行，何时归家，又何时齐家。仪式前后的变换，成就了人这一生每一个阶段的蜕变。人们需要仪式感，因为人生的本质实在无序，而我们需要在混乱中，用仪式定义秩序。

如果说跨年，是一场把时间作为礼遇对象的仪式。在零点零分的时候，用焰火烧尽往年旧时间，用相聚企盼新时间。而【熙】椅便是一场把光奉为座上宾的仪式。

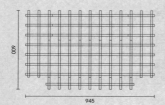

从万千林木中挑选，又推演成万千个枝条。再经无数榫卯的连理，无数日夜的交替，最终天衣无缝成一体。横与纵，给光留出余地，把影隐匿其间。设计与工匠，用【熙】椅向光敬献。

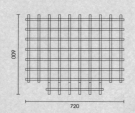

当然，你大可以说很多时候仪式都是无意义的，跨年可有可无，忘记周年纪念日也无可非议。【熙】作为椅也只可远观，不能坐玩。但如果光影也无意义，节日也无意义，那我们之中渺小的任何一个人的成长——我们的出生、我们的相爱、我们的繁殖、我们的死亡——于不知几亿光年的宇宙光河，又有什么意义呢？我们的生活需要仪式感。我们需要通过仪式知道，何时开始，何时结束，何时要有光。

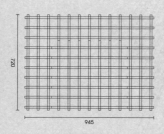

尺寸：L945mm × W720mm × H600mm
材质：黑檀、缅花

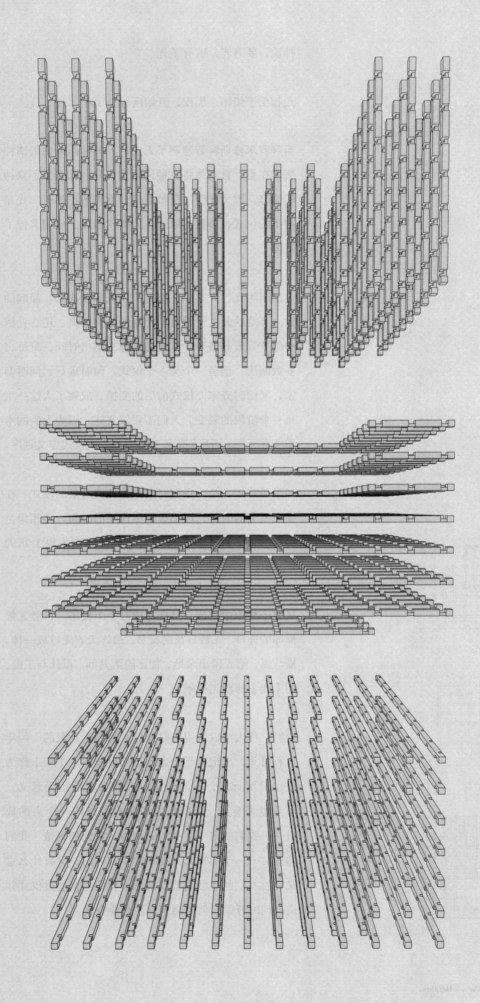

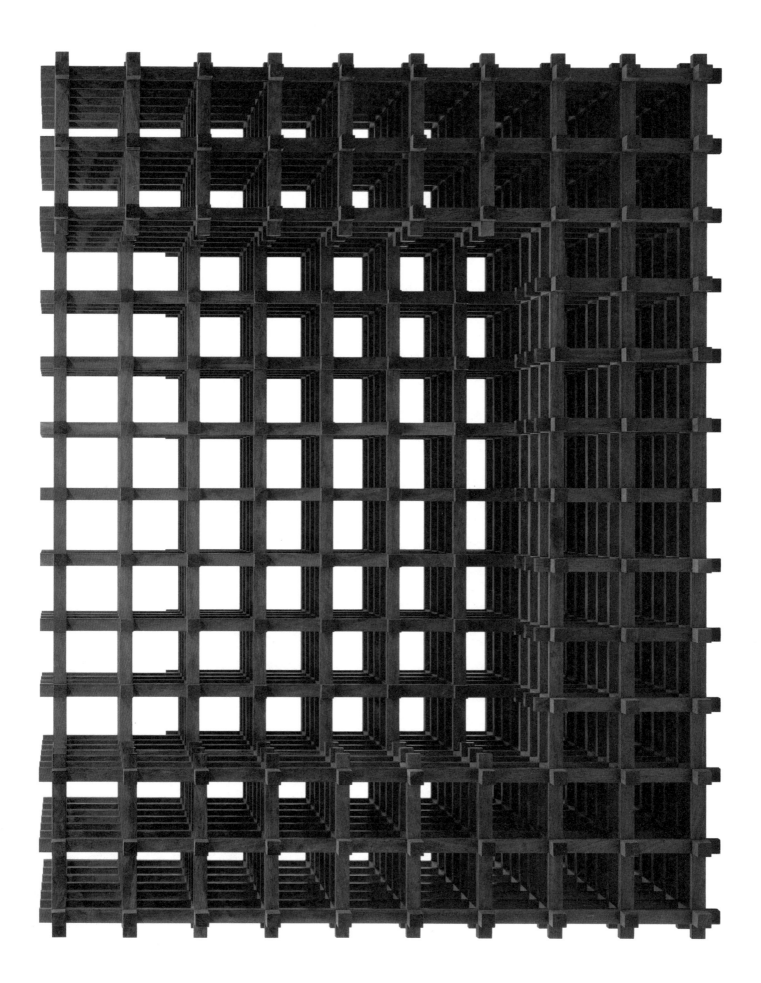

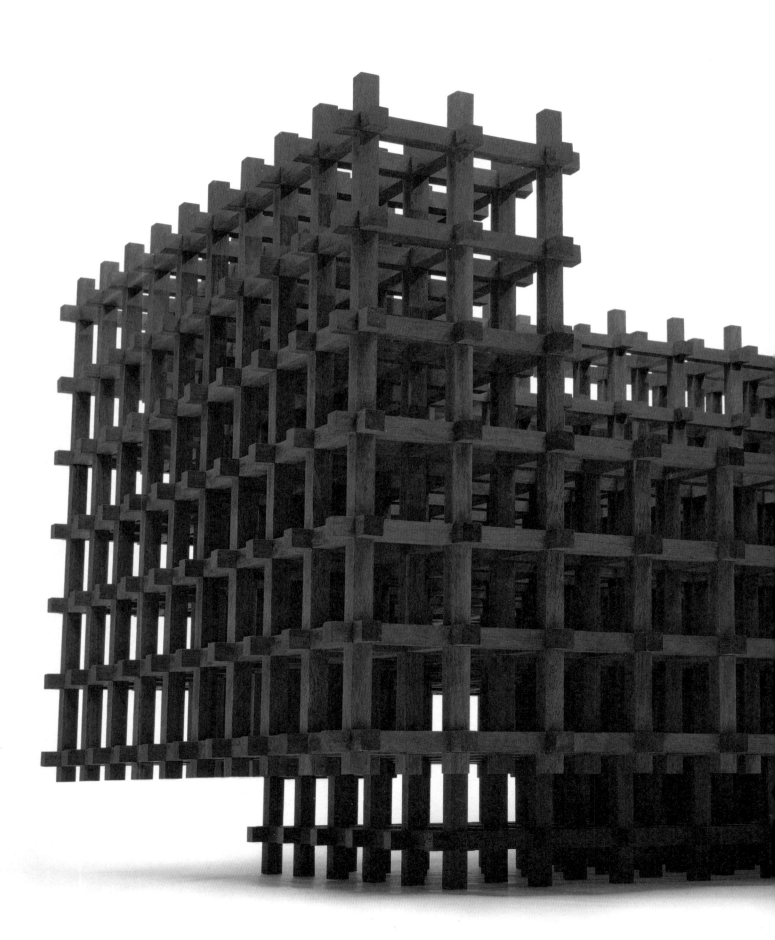

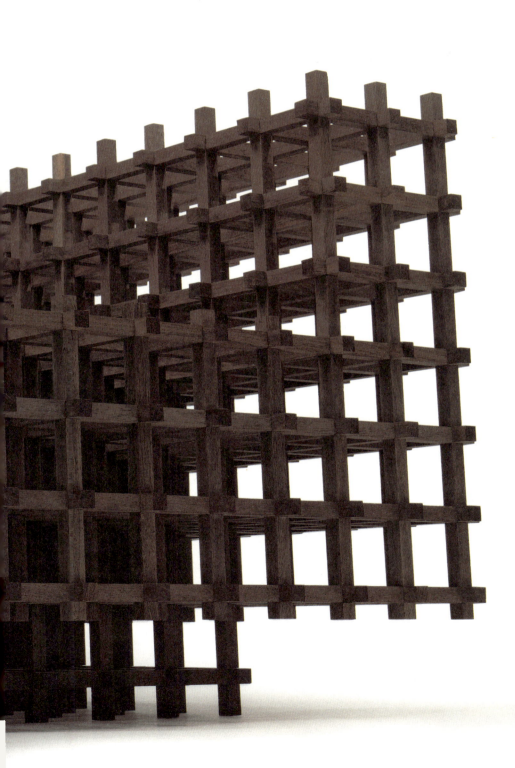

与史书或者小说中记载的并不完全一样，这里的【交】椅失去了江湖气。

江湖气并非不可取。江湖气，不过是多了些对权力的重视。比如《水浒传》中，"列两副仗义疏财金字障，竖一面替天行道杏黄旗"的梁山好汉就用交椅之名来排定座次。后来康熙南巡时，也只有皇帝一人在船上坐着交椅，底下一众全数只得站着。

交椅，生来便带有着一种对野性的渴望。古往今来的交椅情结，无不与个人利害有关，而这确是江湖气中应摒弃的糟粕部分。因为执念多了，行走江湖，容易拖泥带水。

【交】椅身上是嗅不见江湖气的。有人把国人分为两种：书生气的和江湖气的。而失去了江湖气的【交】椅偏偏就多了这样一些书生气。

没有市野的豪情，但仍留着几分"一蓑烟雨任平生"的达观；去掉了快意恩仇的人情，反而懂得了"小楼一夜听春雨"也是一种生活。

没有飞檐走壁的江湖也是江湖，没有争权夺势的交椅也是交椅。而此时的【交】椅或许更能称为宋陶毂笔下所言的"逍遥座"。

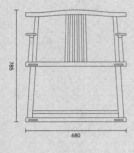

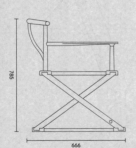

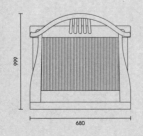

尺寸：L680mm × W666mm × H785mm

材质：黑檀

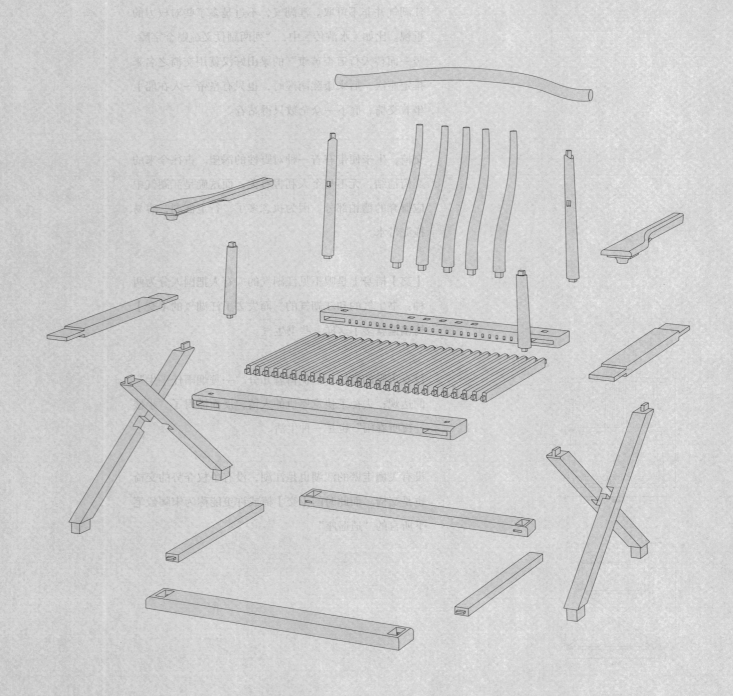

春秋或者更早的时代，写字极其庄重，如同祭祀，在提笔前，需沐浴更衣，焚香斋戒。看似繁复的准备活动，却彰显出对于写字——这项活动的敬畏。这是古人阐释他们生活美学的仪式感。

随着帛书纸本的发明，写字转为一件信手可来的事情。而后至今日，连用笔都已是稀罕事。当然，除此之外的很多在数字和便捷化的冲击之下，都逐渐失去价值。像日本文人评论所说的：（中国人）已失去唐宋的幽思情怀，变得苍老又实际，成了"现代人"。

于是，人们总是试图重新去寻找旧的东西，被称为复古的潮流一次又一次地席卷现代生活。照片调出昏黄颜色，身着汉服踏青，我们生活在一个把复古等于前卫的时代。其中的"复古风格"，从远古，到工业蒸汽，又到民国风，交杂混合。"复古"是随时变换的表面玩意儿。

其实明式家具本身也是一种复古。不过，如【简】椅所呈现的，从设计身体力行出发，每一件家具都更偏向一种将"根"植入在旧时生活文化中的复古。如【简】椅将覆满清香的竹简铺展开，取笔墨置于两端，煮茶品茗在身前。

读书写字或者是作画念经，其实古人的生活不是只在乎那些繁复的准备动作。在复古的内核中更多应推崇的，不是形式感，不是礼乐习俗，而是在繁缛仪式背后的一颗落座于此、便安于此的心。

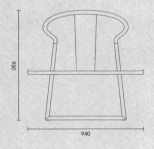

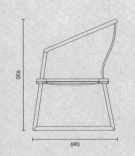

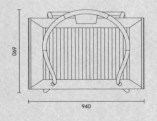

尺寸：L940mm × W690mm × H930mm

材质：黑檀、红檀

有时候，椅子十分像一个舞台。

结构是一样的，三面围起，是黑幕和上下场台；一面空对，是观众看客和芸芸众生。

舞台在方寸之间，呈上了千秋历史、中外风云，有悲欢，有离合。椅子也差不多，载过多少人，听说过多少言语，也便有多少故事。

人走上了舞台，就自动归为生旦净末丑，不同的人，各自有自己的角色，而椅子上的人也有角色之分。椅子上是何人不重要，摆在何处更为关键，谁身居上座，便更有分量。

甚至连引申的意义也相近。舞台是人生的舞台，是人所处的境况，是两副面孔，是"在什么人面前，唱什么戏"。椅子是地位的象征，作为境况的一种，代表一种姿态，也决定人在这一刻说什么，做什么。

直到随着时间的发展，椅子和舞台也都开始各自发生了变化。舞台开始有了"打破第四面墙"的说法，演员不再自说自话，可以把原有的固定的剧本安排的世界给抛去，可以直接去和观众互动，让戏剧进入了一个崭新的层次。

而椅子也不再作为普通家具而存在，更像是一种玩物。就像珍珠翡翠、奇珍异宝一样，椅子把所谓的身份地位给架空了，把陈旧、把腐朽给打磨光了，然后刨除世俗，只留下它本身的味道。这个味道有木质的清气，有手工之后的匠气。

于是，相比于过去的任性糟蹋，我们更愿意用"品"来对待面前的这把椅。品是动词，也是名词。它在此时是一件艺术。就像舞台上的话剧一样，不仅仅是一个死物，而是真正内敛着一种文韵和情调。我们观赏艺术，品玩艺术，决定戴上艺术的眼镜去看一张椅、一方桌、一间屋乃至一座城。

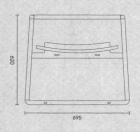

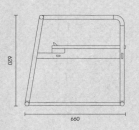

尺寸：L695mm × W660mm × H620mm
材质：黑檀

中国古时原来是没有圆桌的，以八仙桌为代表，为方形或矩形餐桌。圆桌是应聚宴人多和席面大的要求应运而生。最初让用惯了方桌的人们颇不顺应，袁枚在《园几》中说："让处不知谁首席，坐时只觉可添宾。"

四方的桌有"方"便有"向"，有"向"也就有了座次，而座次便中国最重要的礼——食礼的中心环节，也叫安席。宾客上座，就是来源于此。

一张椅子，一个座位，【端】椅端端正正，虽简单，却刻意糅进了些许繁缛的克己礼节，仿佛昭示着"古人之坐，以东向为尊"和朝堂之上"面南为贵"的含义。

但礼是一种束缚，【端】不甘于束缚。它放空了灵魂之所在，从椅背到扶手的"不落实处"，通透出一个自在的躯干。

世人初见时都以为它会是筵席时东向为尊的崇高礼教，却终会发现【端】椅想要的是"松花酿酒，春水煎茶"的平淡闲适。

【端】椅曰：此处无上座。

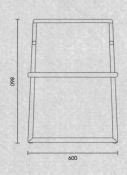

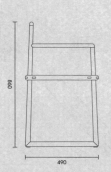

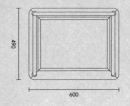

尺寸：L600mm × W490mm × H860mm
材质：红檀

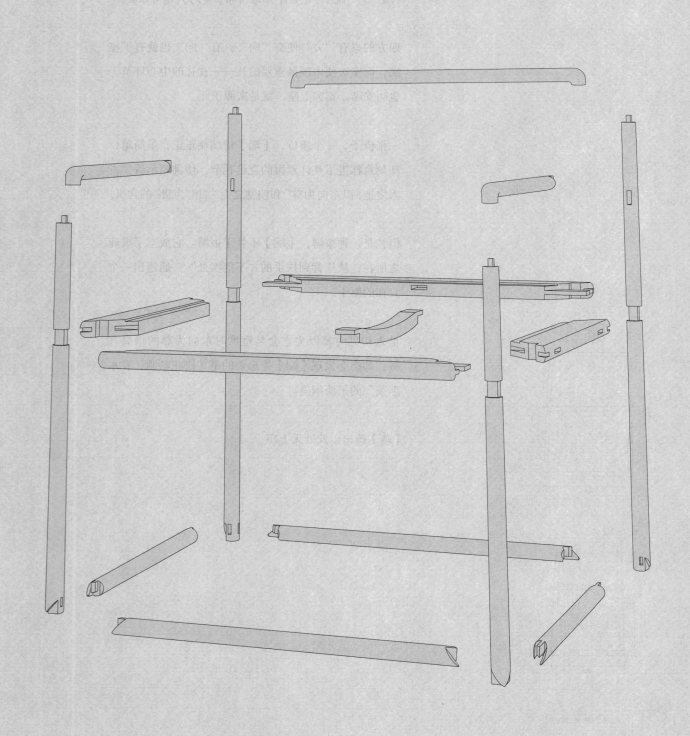

明式家具，与时兴的家具设计总是不同的。除讲究朴素外，自身往往附属着一种"老的腔调"——这种腔调刻意学不来。这亦将其与如今的风格划开了天壤之别，能从中察觉出工匠手中的自由和自信的，也是【贵】椅其名所包蕴的意义。如果要用一个词来形容这个腔调，便是"古雅"二字。

古雅最早形容的是一位诗人，后来学者王国维著文《论古雅》把古雅的意义讲述得非常透彻。他说古雅"但存在于艺术而不存在于自然"。是人为，用人所独有的审美雕刻人文的气息，取之于自然，却异于自然。古雅之位置，"在优美与宏壮之间，而兼有二者之性质"。如一把椅，从容而内敛，旷达而雅致。

当然，论及本意，有人总结其起码应有两个特征："古"——以别时风；"雅"——以别流俗。古雅，就是优雅的、体面的，对时风和流俗的反抗。不过，时风会变，流俗也会不同，好似长辫，是清朝之前的古雅，而后却成了笑柄。因而古雅的内容也一直在变化，但不随时间、空间而变的，是古雅的精神。

或许各种静心设计的古典家具永远不会飞入寻常百姓家，或许下一年就满地皆是。但【贵】的美、古雅的品性，始终是大千世界里不可多得的。

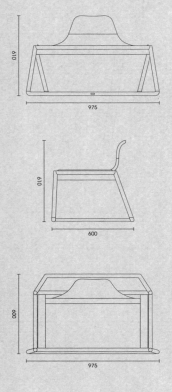

尺寸：L975mm × W600mm × H610mm
材质：黑檀

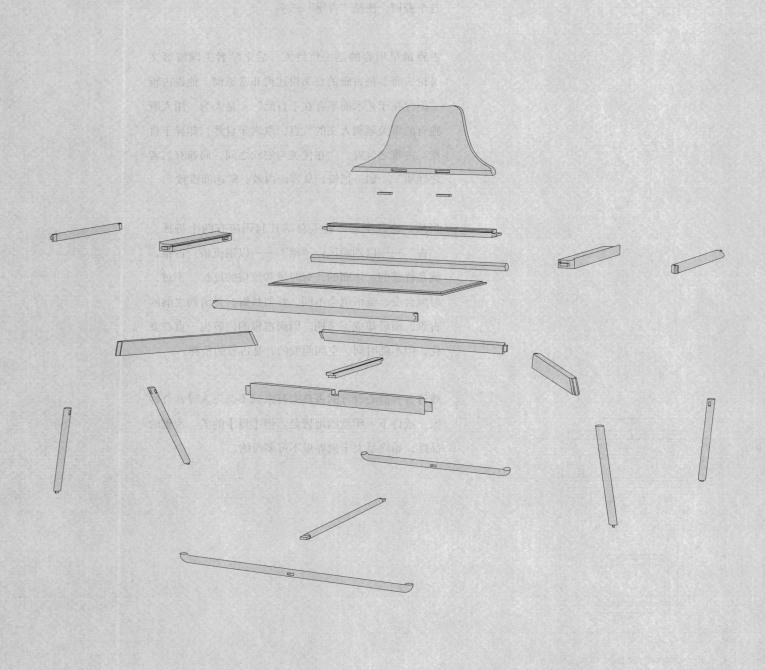

人分低调和骄傲，家具设计也有谦逊与张狂之分。

这与中国传统文化的审美脱离不开。像是作画多是水墨，与外来的水彩油画相比，水墨黑白色调，大片留白，不将情意彰显，需观者自行猜想，倒也十分符合婉转的东方个性。或者再多添一点颜色，走向了莫兰迪色系，什么茶白、鸦青、绛紫、炎红，偏低的饱和度，装饰在穿衣上，淡雅而得体。

同样的审美，置于家具设计上，最谦逊的便莫过于以明式家具为代表。没有任何浓烈的色彩，没有嚣张跋扈的形状，用原生的杞梓木、红檀木、花梨木等，不动声色地打磨雕琢。

【态】椅为例，简洁的设计已十分谦逊，且又将它的姿态落得十分低矮，更显低调。就像一位老者，就地打坐。风走，则是赤条条来去无牵挂；雨来，便有一蓑烟雨任平生。

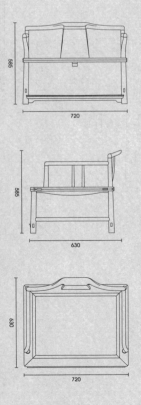

尺寸：L720mm × W630mm × H585mm
材质：红檀

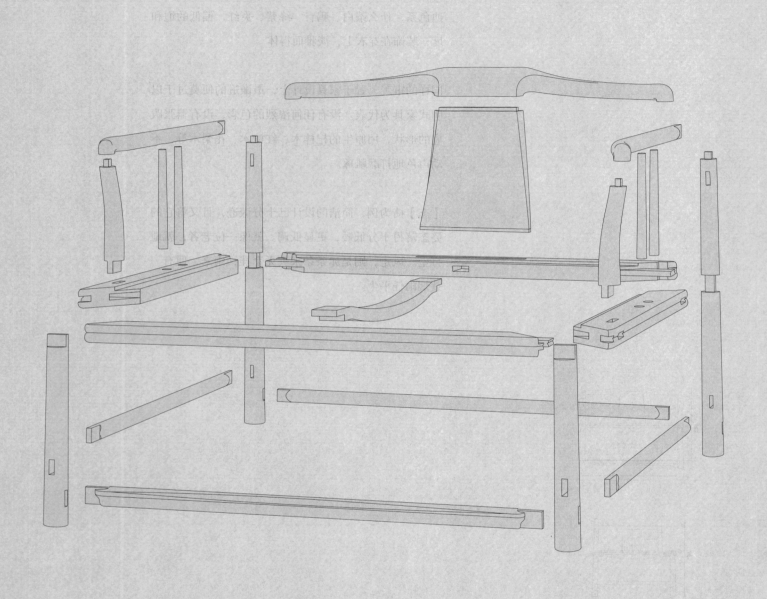

用后人的眼光来看，夸父对太阳的追逐是不可理喻的，《山海经》也直言"夸父不量力"。因此夸父逐日的戏码，最终只是一出浪漫悲剧。

但如果没有太阳会如何？如果夸父不追又如何？生死又如何？

【层】椅并不能回答出《山海经》中没有的答案。但将夸父带入生活：太阳化为一种执念，我们是否也会常常追逐着缥缈的白月光和朱砂痣？回头想，如果不追求抵达最终的目的地，或许并非没有别种生活的方式。过程（journey）比目的地（destination）更重要，而人生的目的地，说到底只有一个，就是死亡。

【层】椅层层而上，却在座面的终点化为平静和虚无。犹如夸父倒在大泽的那天，其身化为高山，其杖化为邓林，尽数归于大地尘土。日月不变，而人生天地间，忽如远行客。

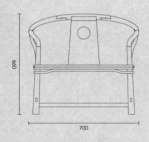

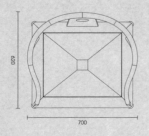

尺寸：L700mm×W620mm×H660mm
材质：黑檀、红檀

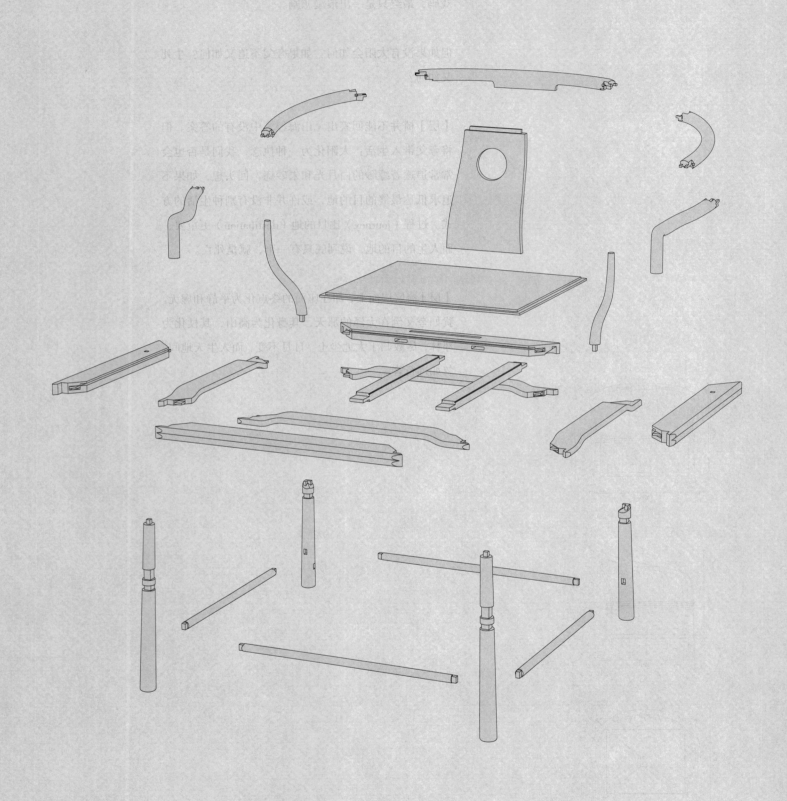

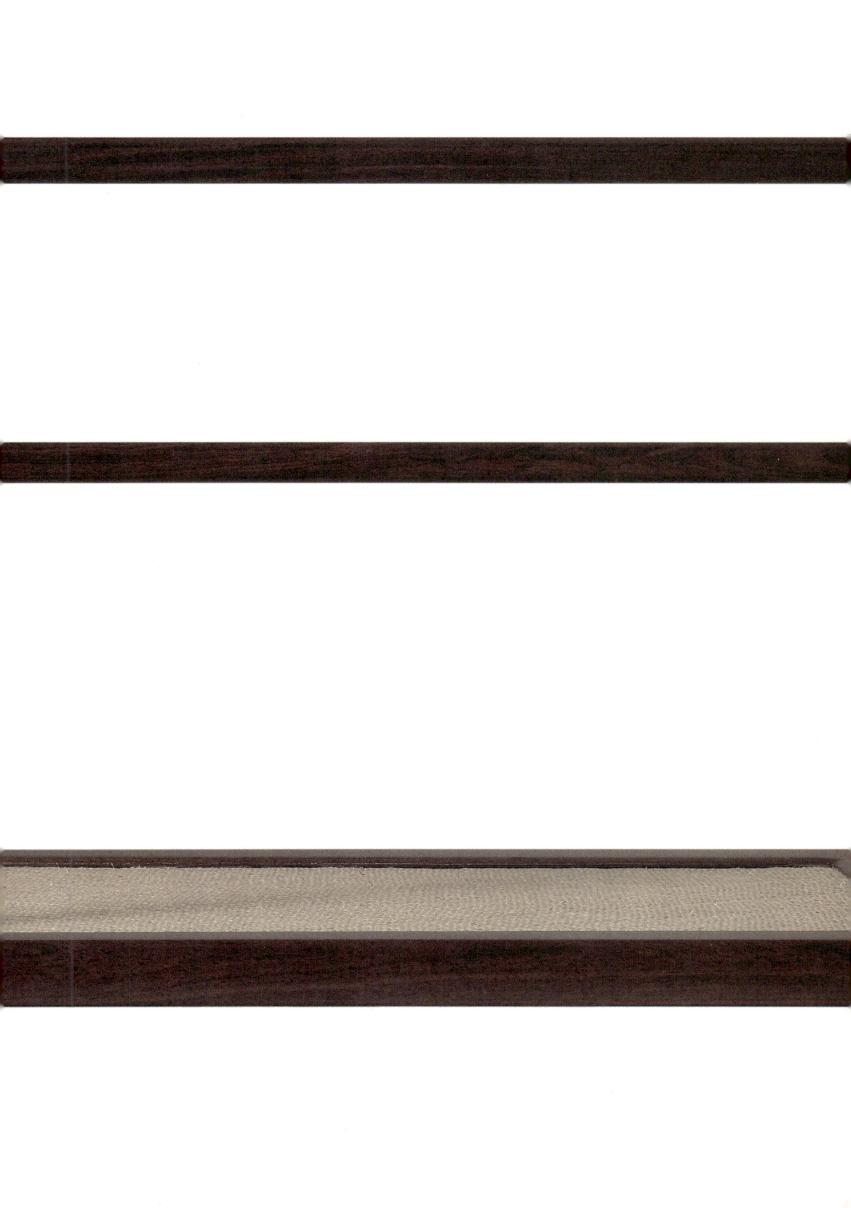

修佛的行者，有一个十分为常人所提及的三重境界划分，即"见山见水"。而当僧人到达第三重境界——"见山还是山，见水还是水"时，就会体悟这句禅家人所说的"本来面目"。

禅将重现本来面目作为终极关怀，这是参禅者的头等大事。至于"本来面目"究竟为何？其实终究也只有自己知道。《六祖坛经》所讲的无住、无念、无相，放下了所有一切自我中心的执著，能做到的人，或许万中无一。

于平凡人来说，参禅必是一件苦差事，需天赋（或觉性），也需要付诸一生、不念世俗的修行。修行的手段，千人千面。有的人行走四方，有人劈柴提水，有人修建寺庙，而做一把参禅的椅，也应是芸芸众生中修行的一种方式。

不为境界多高，不求修行结果，用【禅】椅悟禅意，有缘时，或许自会左右逢源，触处皆春，最终照见本来面目。

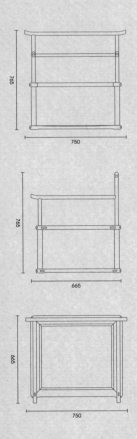

765

750

765

665

665

750

尺寸：L750mm × W665mm × H765mm
材质：黑檀

以靠近椅背的一端作为生命的终点，【宽】椅从扶手到达中间的盈余丰满的部位，也恰恰对应了一个最容易丰满的人生阶段——中年。

张爱玲说："中年以后的男人，时常会觉得孤独，因为他一睁开眼睛，周围都是要依靠他的人，却没有他可以依靠的人。"王小波说："中年女人是场灾难。"1965年，心理学家第一次提出了新词"中年危机"。

我们害怕"中年"这个词。我们害怕变成我们最厌弃的成年长辈，也害怕中年之后只是我们现在生活轨迹的延续。我们焦虑中年。我们焦虑中年时候，功利虚名、家庭责任、亲人离世、身体衰退，还有复杂人际悄悄地、窒息地逼近。

中年，意味着身陷囹圄。

但当桎梏越来越多时，我们忽略了一点，人生何时没有危机和焦虑。年少有情愁，年老会病痛，都是失眠的威胁。可年少的轻狂，从不让焦虑过夜；老年的阅历，早已忘记还有什么比活着更重要。

换一个角度看，身后的【宽】椅，特意在中年时留出了思考的空间。或许"心无物，天地宽"一句话就能道清楚人生的真理。在轻狂里勾兑着阅历，悲喜看淡，中年更适合用肚量装下多余的焦虑。

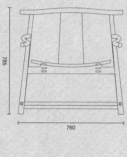

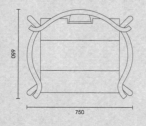

尺寸：L750mm × W650mm × H785mm
材质：黑檀、檀香

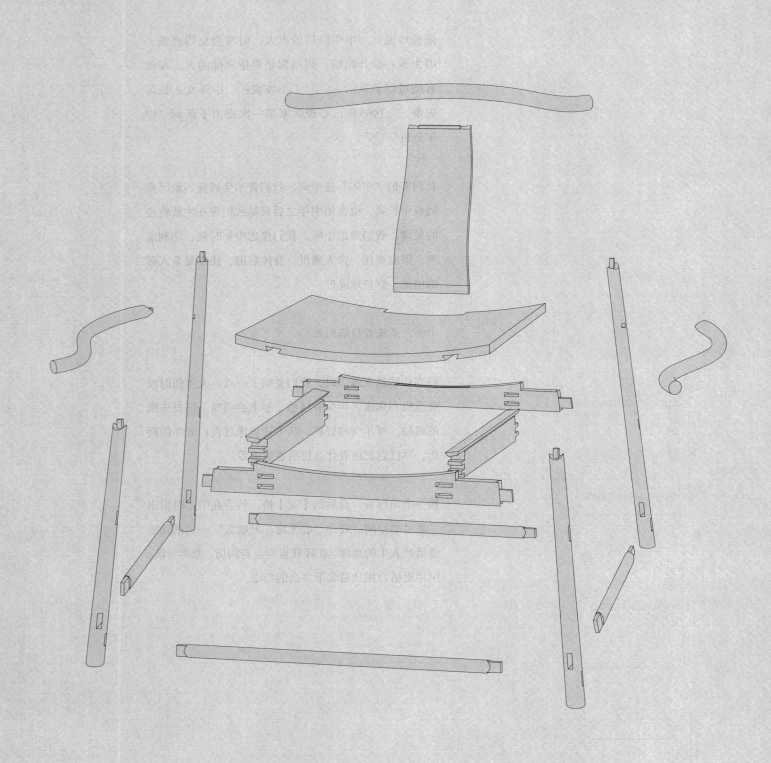

围·舒·云·涟·扇·间·善·文·崇·思·远·闲

人，只能在一座城里，或者流连的几座城里偷生着。
之所以用偷，是因为当人站在天顶俯瞰这座城的时候
就会发现，我们只能偷。从哭喊与离别中，偷得短暂
相聚；从食物的渣滓里，偷味道；从黢黑的裂缝里，
偷白色的光；从时间手中，偷时间。人总是贪婪。

贪婪源自欲望，欲望是城砖，人亲手把砖搬来，建起
了包围自己的城墙。

但有生命的世物是不会在建起围墙的时候停住，它是
流动的，会侵蚀你、吞噬你。像水把砂石磨成鹅卵，
殖民者销毁了印第安文明。是欲望教会人偷窃，偷自
己想要、却得不到的东西。欲望，让人沦陷于更多的
欲望。

可是啊，欲望真的没有留下城门的出口吗？

端详一把唤作【围】的椅子，椅子的出口，是人，是
自己。

材质：黑檀、檀香

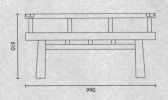

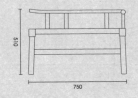

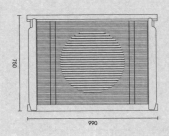

尺寸：L990mm × W750mm × H510mm
材质：黑檀、檀香

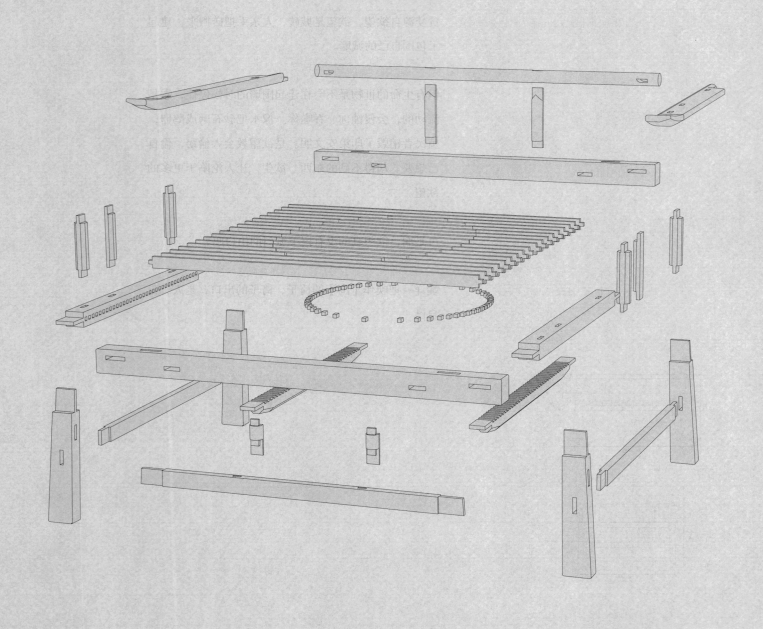

倘若亲自赏过西湖的雪、湖面的桥、桥头的柳、柳下的人，便能一眼识出【舒】椅描摹出的景象——与387年前张岱在《湖心亭看雪》所写"天与云、与山、与水，上下一白。湖上影子，惟长堤一痕"——是同一幅画面。

西湖三面环山，苍郁隆起的孤山，连通低矮绵长、如女性优美曲线般的天竺山、栖霞岭、南北高峰等，绕成了【舒】椅的扶手和椅背。雨雪或下雾天里，山又和长堤系在一起。如此一来，只需用黑檀磨成墨水，轻轻勾上一笔，就把西湖的一切简单极致地临摹了出来。这一笔，也糅进了无数与西湖共生的浪漫传说。

唯美派文学作家谷崎润一郎在散文中说西湖的美，主要就在于西湖与周边山峦丘陵相映成趣有关，"一眼即可望到尽头，却有一种苍茫迷蒙之感"，一会儿觉得壮阔，一会儿又觉得玲珑。但若回到岸边，这西湖十景也就像【舒】椅一样，从左至右，徐徐展开，映入眼帘。

我想【舒】椅若也能思考，一定也愿化作轻舟，用腿作桨，随风飘摇地往西子湖心踱去。

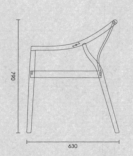

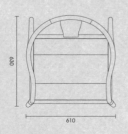

尺寸：L610mm×W630mm×H790mm
材质：胡桃木

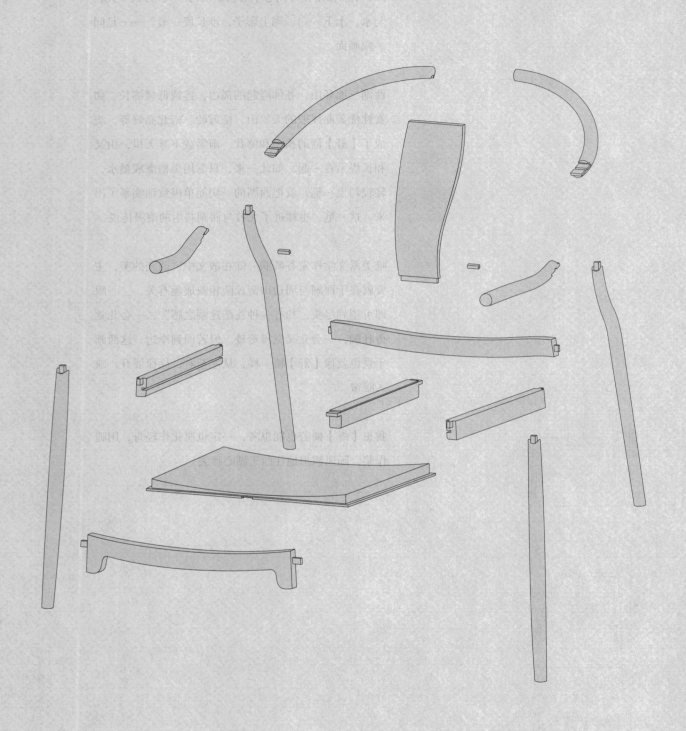

如果你抬头留意，此刻的云在往西北而去。温润的，柔软的，憨厚又轻盈。白昼的太阳被遮住了几秒钟，夜里的星反倒点缀在云的身上。云，一刻不停，缓缓又徐徐。

无论国画还是油画，最难画的事物之一，云总能占一席。云能观，却不能触摸，能记在眼里，却不能落在纸上。人们把行云与流水混在一起，因为抓不住。它们连躯体，在卷曲的空隙里写着"不自由，毋宁死"。

我喜欢故乡的云，就像喜欢【云】椅的样子。

他人总把云看得轻浮。没有根的云，风动则云动；风狠一点，云也就散了。云被用来形容流浪的、无家可归的人。

我总不以为然。

故乡的云，云一样的椅，在印象中都更加温厚。是雷雨前的大片墨蓝，低矮着身子往山里林里钻。她把雨和雾像梯台一样落下来，椅背连着天光，另一端伸向大地。她展开身体，把无限都包容进去。她将扶手隐去了，毕竟没有一片云，不是随心，随缘，随风。

云此刻在往西北而去，又或许我们在离她远去。

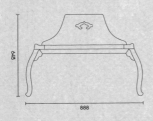

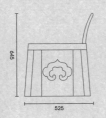

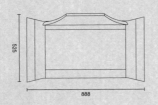

尺寸：L888mm × W525mm × H645mm
材质：黑檀

123

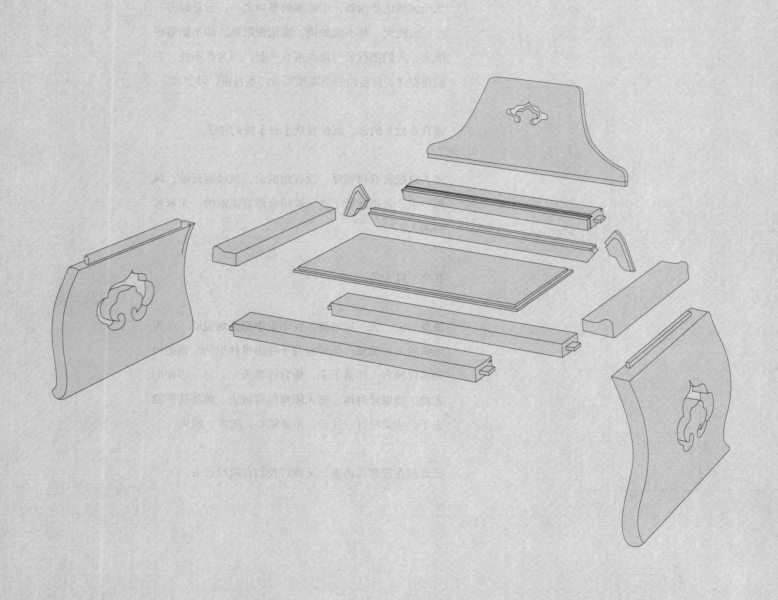

树欲静而风不止，风一动，则起涟漪。非风动，非水动，仁者心动。

人心实则如【涟】椅。座面中是妄想达到的维度，如无边无际的湖海，容纳百川，且不以外物而喜悲动荡。但人往往只是一缕山涧溪流，陡峭时激流冒进，悬崖时飞流直下，坦荡时，也从未有过真正的平静。因为但凡人活一刻，心都在动。

不过心动也常常有所得。有心动，才会有豪放、婉约的诗词派别，感受到"仰天出门大笑去"和"浓睡不消残酒"的情绪分寸。有心动才有想象，才有取之不竭的源泉，有了《平沙落雁》的五音七律，有了所谓大笔如椽、胸有成竹、活色生香。

因此，趁酒还能醉人，趁热气氤氲在茶盏上，趁春风暖意，冰雪融化，飞起石子，把心湖激荡起层层涟漪，让每一层波浪，都闪动自己的光芒。

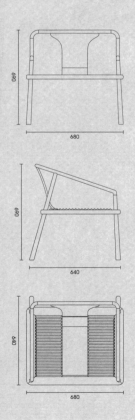

尺寸：L680mm × W640mm × H690mm
材质：黑檀、檀香、红檀

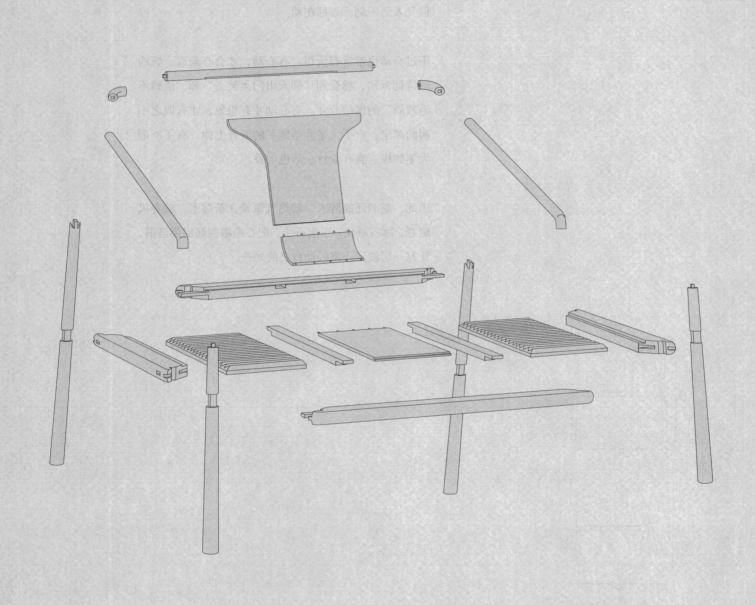

看过科幻电影后，时常会想，如果真跳脱出三维时间，进入更高维度，所看到的世界是什么样？时空是否能够真的折叠？我们通往心向往之的地方，是否只需一步……读书时的"蚂蚁最短距离"题目就像时空折叠的初探，虫洞的机制也仿佛就像一把折扇。

两根大边合起，扇面里的江山啊、花鸟啊、美人啊，乃至万物时空都合在了一起。我们从这头出发，领略人世，到达终点也是起点，这一路，似乎只需一瞬。

可人世那么长，时空的两个端点，也未曾触碰在一起过。一如"扇"椅，不曾闭合。

所有的生命都从其中的一侧往另一侧走去。没有捷径，且注定是起伏不平。山一程，水一程，要花更多的时间去走完。人们心中惦念的、渴望的、相思的、遗憾的，在翻越扇骨时，一点一点留下笔迹，终于在走完的一刻起身。

经历沧海桑田，扇面或许依然如旧。看过往的人生和蚂蚁的行径轨迹无二，看时间如流沙，在折叠的缝隙里也不作停留。

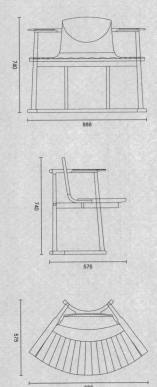

尺寸：L888mm×W575mm×H740mm
材质：黑檀

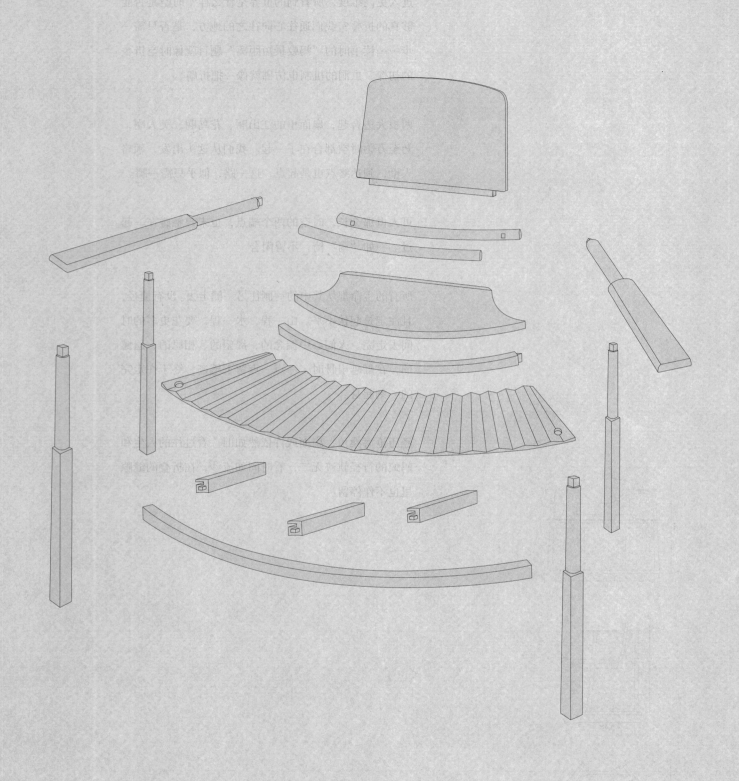

马致远一句"小桥、流水、人家",便早早定下了江南的"三要素"。水密,而桥多,桥成了南方人最熟悉的事物之一。

两地相隔,桥位于其间,交流而沟通。
爱情浪漫,桥位于其间,七夕相会。
生死轮回,桥位于其间,了前尘,断因果。

虽然空与间往往相提,但天地之中,并不是空的,人位于其中。天地之间是人间,而人间也不过是一座大桥。

或许"间"就是桥,【间】椅也像桥。

水土筑成桥,水土也筑成椅的木;桥作停留之用,椅本身就是为休憩所设计。如此看,桥与椅同根同源,亦是同一个去处。

设计上看,自古中国人喜欢"非方即圆"的东西,绘制一座桥,有平直有弯曲,象征天地。【间】则把天圆地方融为一体,用起伏的人间相连,坚而柔和,圆而周正。

且【间】与桥都和月亮相生相伴。抬头是椅背弦月半弯,低头是桥下月影成双。在月与月中间,有止不尽的水波。

于是,诗人感叹桥是风景,你也是风景。椅是风景,人生也是风景。

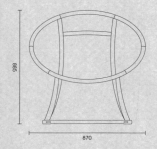

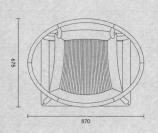

尺寸:L870mm × W675mm × H885mm
材质:黑檀

149

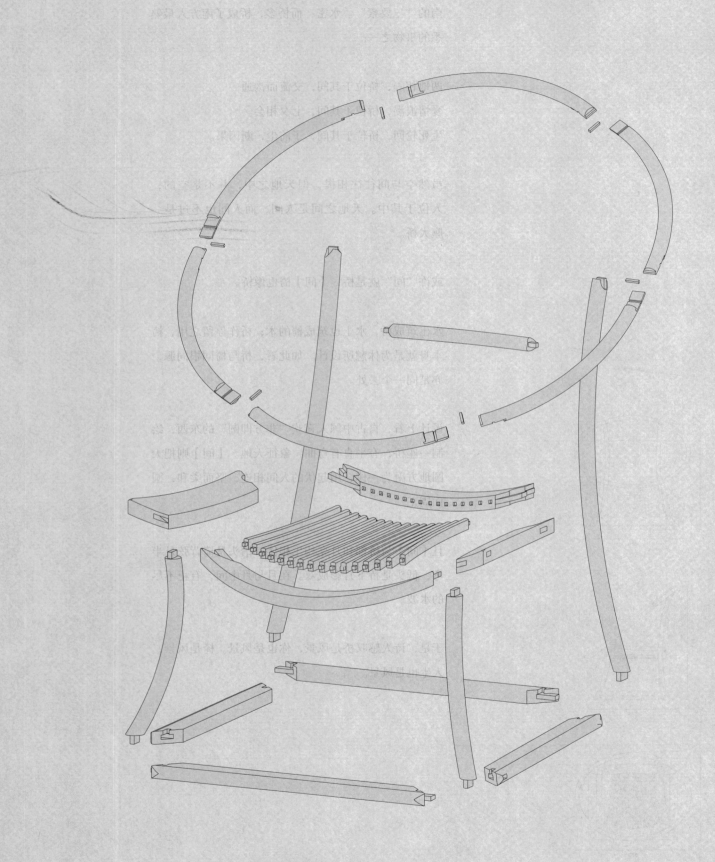

从设计角度来出发，人类是毋庸置疑的视觉动物。他们创造出一种叫"美"的概念，然后从虚实的维度上，在五感的触发中，去追求和评判"美"。

因而我们对美的理解，更倾向停留在表面上的第一眼，不过第一眼并没有错。广告学老师举了一个例子：当你走进一间办公室推销产品，搭话最容易成功的，是胖子。如此说来，在身体羞耻（Body Shame）的年代，反而敦实可爱的，却成为了善意的外化。

所以中国一直有看面相的算命先生。有人天庭饱满，地阁方圆，有福气；也有人尖嘴猴腮，贼眉鼠眼，有嫌疑。延伸至京剧里，甚至直接表现成不同颜色的脸谱。

椅子也有面相。修长秀丽的，一眼便知是大家闺秀；四方棱角，阔绰霸气的，猜想定来自官宦家中。而【善】椅则有一些禅意，像慈眉善目的修行人。搭脑似耳垂达肩饱满，四腿是温柔安心的圆润。浑身不带任何棱角，椅背上的"善"字亦是笑脸盈盈。

相由心生，境随心转。如人一般，它的品性、心思与作为，一切都在面相里诉说了出来。是故，《说文解字》中讲：美者，善也。

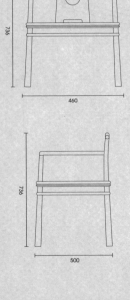

736

460

736

500

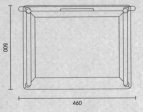

500

460

尺寸：L460mm × W500mm × H736mm
材质：黑檀

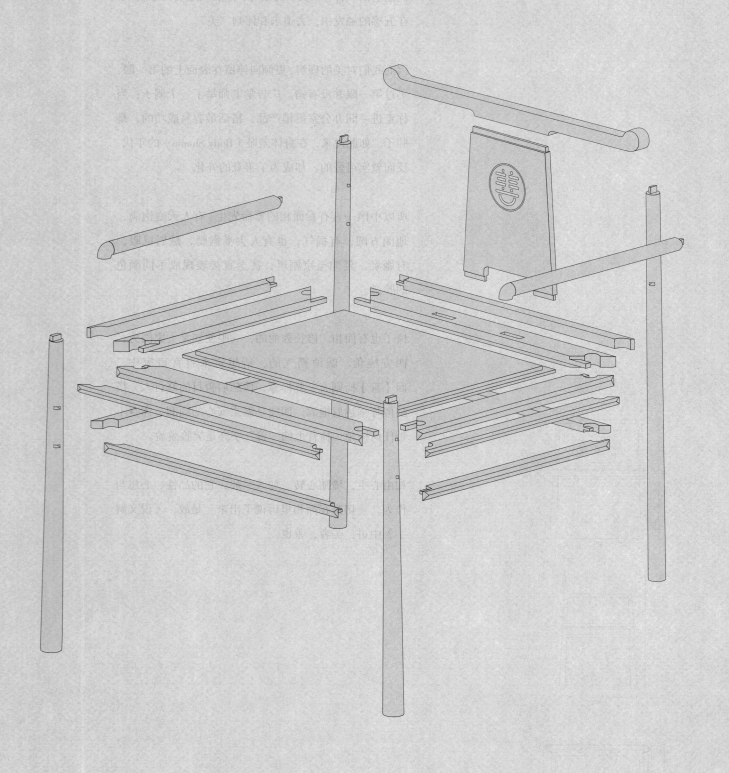

显然，只有经历过、感受过人生的时候，且在某个适当的时机，才能知道王羲之在众人游乐之时，为何感叹出"死生亦大矣"。

情迁、物非、死亡，抱负、功名、痴心，如果到晚年时再体味此处应是更加感慨的。"一死生"是虚诞的，"齐彭殇"是胡说八道，或许也正因人生能经历多少个春秋是可数的，所以春秋的变化才更显得美好。

回到《兰亭集序》伊始，良辰美景赏心乐事，曲酒流觞、群贤雅集、畅叙幽情，【文】椅不也是"列叙时人，录其所述"的一种方式吗？

佛说，一切皆流，无物永驻。作文是创作者的有感而发，做椅又何尝不是。

730

490

730

540

540

490

尺寸：L490mm × W540mm × H730mm
材质：黑檀

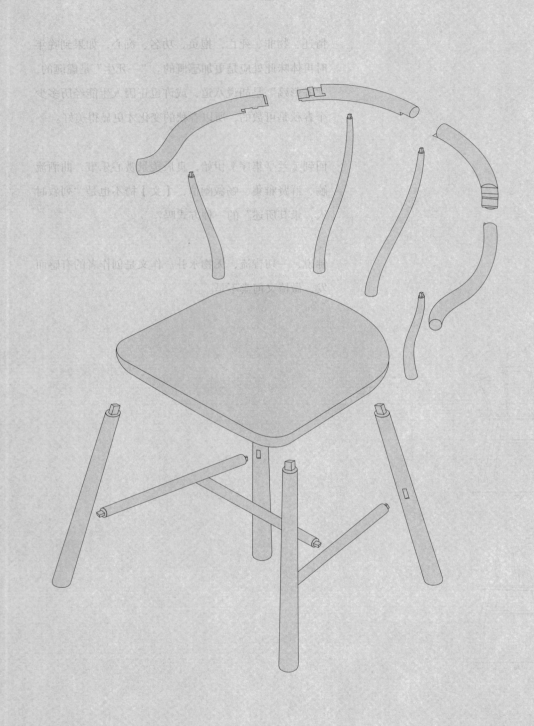

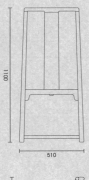

510

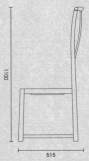

515

510

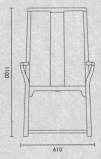

610

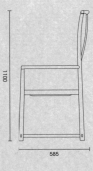

585

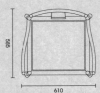

610

"每个民族的神明长相、衣着都和自己类似。"宗教产生之前，神的存在并非高高在上。先民们用人去预测神明的模样，将动物当作图腾，用艺术的想象，把自然与生活浪漫主义化。

像是会犯错的宙斯、执拗的夸父，神与人共同生活，沾染着人的情绪与束缚，有着人所拥有的命运。这是一种朴素的神明观。

无论理性时代，还是反智时代，信仰一直存在。【崇】椅是有神主义的，朴素浪漫的想象里蕴含着天人合一，高耸的椅背摒弃华丽和虚无、神秘的形而上学，像一棵没有枝叶的树，主干笔直伸长到云里，令矮小的人仰头瞻望。自然仍是自然，人类不是万物尺度。我们仅保存着简单的信仰。

尺寸：L510mm × W515mm × H1100mm

尺寸：L610mm × W585mm × H1100mm

材质：黑檀

短梦初回，只有无眠的夜，才是真正归属于自己的夜。灯灭，月明星稀，颜色褪尽，只留黑色的檀木、黑色的山云与白色的明光、白色的庭院。

风过之后，多少人在望月，多少个无从回答的疑问，多少句想念在慢慢浮现，可惜离人无语月无声。

总有人问，天上明月像什么？诗里写的玉盘也好，冰轮或者金镜也罢，都不妥。李治说"别后相思人似月"，最为准确。月是思念，是故乡院内一枝梅，是卧房窗帘映薄纱，自此一别，月便像你，像与你有关的所有事事物物。

独自莫凭栏，少年强说愁。或许是李太白的思乡撩动了千百年后的心，在【思】椅上恍惚迷离着没有轮廓的一切。

不可明白说尽，含糊则有余味。不知明晚的月会比今夜更明，只知道人生需要惬意尽欢。

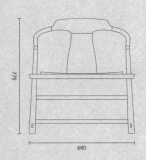

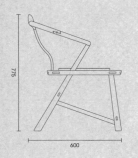

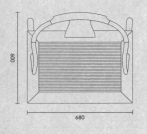

尺寸：L680mm × W600mm × H775mm
材质：黑檀、檀香

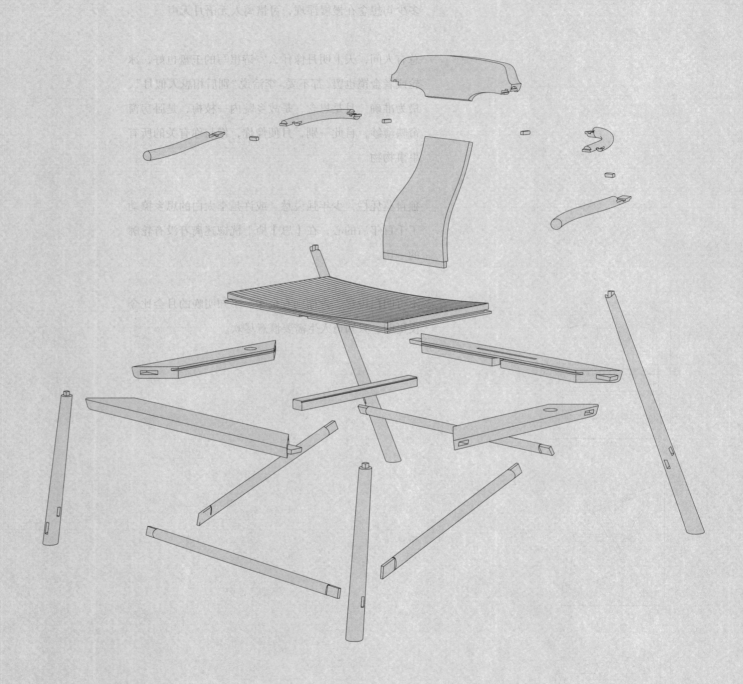

在快速变化的时代里，人生就像自己的一次风险投资，所有目光仅仅看到未来。

"神话"一词就像童年时的游戏，只能封存在遥远的回忆里，尤其是本土的神话，甚至连荧幕都不再是他们存在的方式。

从多少年前开始，神权被降，为了打破宗教的束缚，而重新回归到"人"，用人的尺度来度量世界，神话便一去不再。

无可否认科学是进步的，所以成年人也用科学来稀释神话的魅力。大江南北被人们供奉的神祇被贴上了"迷信"的标签。如布鲁诺·舒尔茨所言，或许我们已经忘记，"我们所有的思想，无不源自神话，源于经过变形、拆分、重塑的神话"。

当然神话没有死去。

从远古的公元前3000多年到现在，如果上升到更高维度看文明的发展或人类的延续，时空凝聚成【远】椅的搭脑。流线如同庙宇的飞檐，文明穿梭交织成柱体，而神话便是个中纹理中的一线，或浅或深地保存了下来。而零散的、碎片的口口相传，更让故事蒙上了一层浪漫的气息。

远古的神话映照人对于世界的思考，对不理解的漫天遐想，这或许也是倾泻而下的椅背温柔如象形字的"人"的意义。举头三尺有神明，最重要的并非看见神的存在，而是相信。

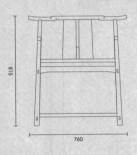

815

760

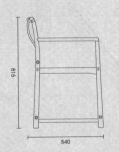

815

540

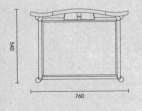

540

760

尺寸：L760mm × W540mm × H815mm

材质：黑檀、檀香

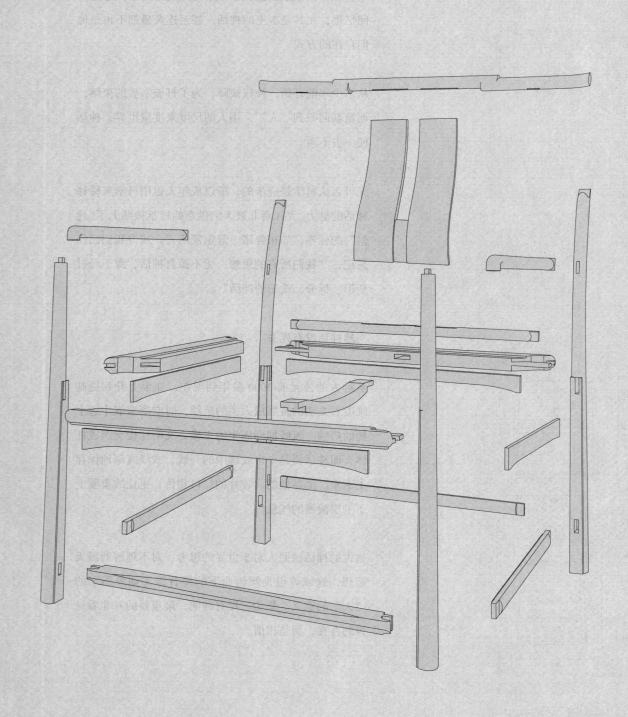

不知道要有多热爱生活，才能体味到【闲】的本质。

现代生活，都是以效率为基础，数字为指标，要快，要最快，要更快。越快，越忙；越忙，也越没有生活。忙，成为了最普通、最平凡的都市人特征，所以人人都会说一句"偷得浮生半日闲"抒发内心终于得闲的愿望，故而前人所说的"能闲必非等闲人"到现在也适用。不过那时的【清闲】，与现在的【偷闲】相差甚远了。

曾在以前的书中知道过几个【闲人】。像是写高邮咸鸭蛋的汪曾祺，闲到写文探讨《苦瓜是瓜吗》。还有小学文章《童趣》的作者沈复，每日闲着倒腾花草，看虫子打架，喝酒猜谜。

这些人闲下来，便玩。有人玩花草，有人玩吃喝，也有人玩家具，这个【闲人】也成就了明式家具的收藏大家王世襄。

王世襄是名门之后，从小玩到大，幼年玩鸽子，训练成了京城一绝。后来玩蟋蟀，打遍名贵。还玩葫芦、做菜，再后来玩明式家具。闲了一辈子，也玩了一辈子，可以说没有闲的时间，也就没有后来的《明代鸽经清宫鸽谱》《蟋蟀谱集成》和《明式家具研究》了。

闲着，玩着，王世襄把【清闲】悟了个透。不去追求功名利禄，安于生活，气定而神闲。而作为明式家具中的一种，【闲】椅也试图表达出雅舍闲居的意味。椅背的风悠悠，宽和的座容得下不紧不慢的节奏。

梁实秋说："人在闲的时候，才最像一个人。"在有限的时间里，我们也应学会【闲】着、坐着、玩着。

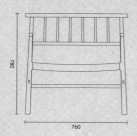

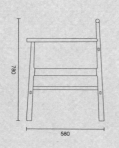

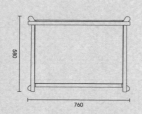

尺寸：L760mm × W580mm × H780mm

材质：黑檀

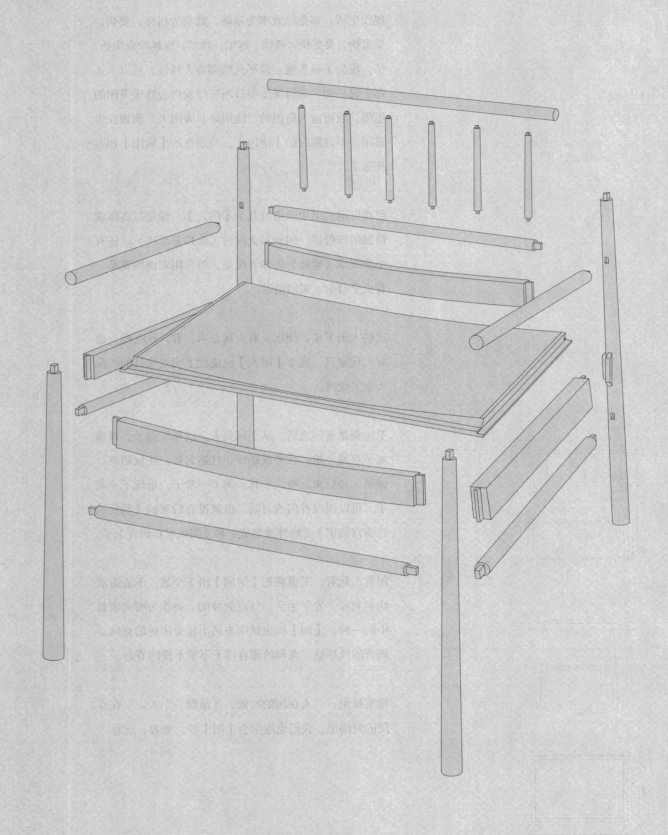

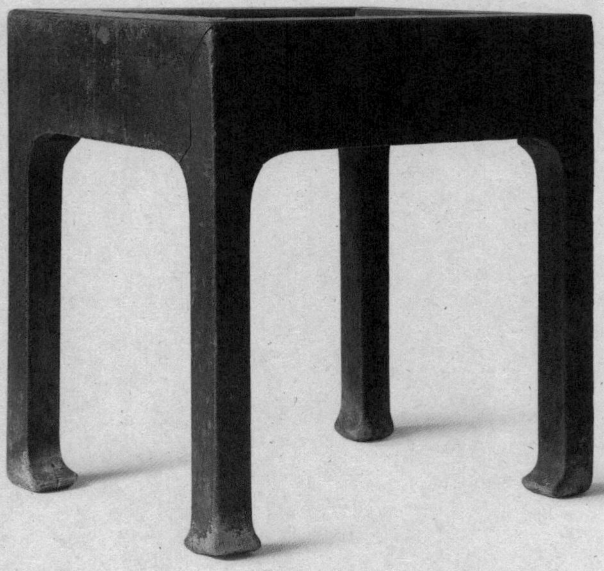

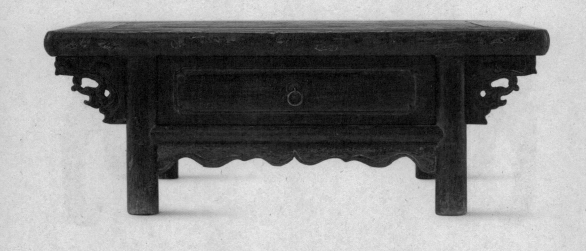

君·框·观·珑·高·聚·卷·童·承·提·聚·方·季·琴·影·明·茶·棠

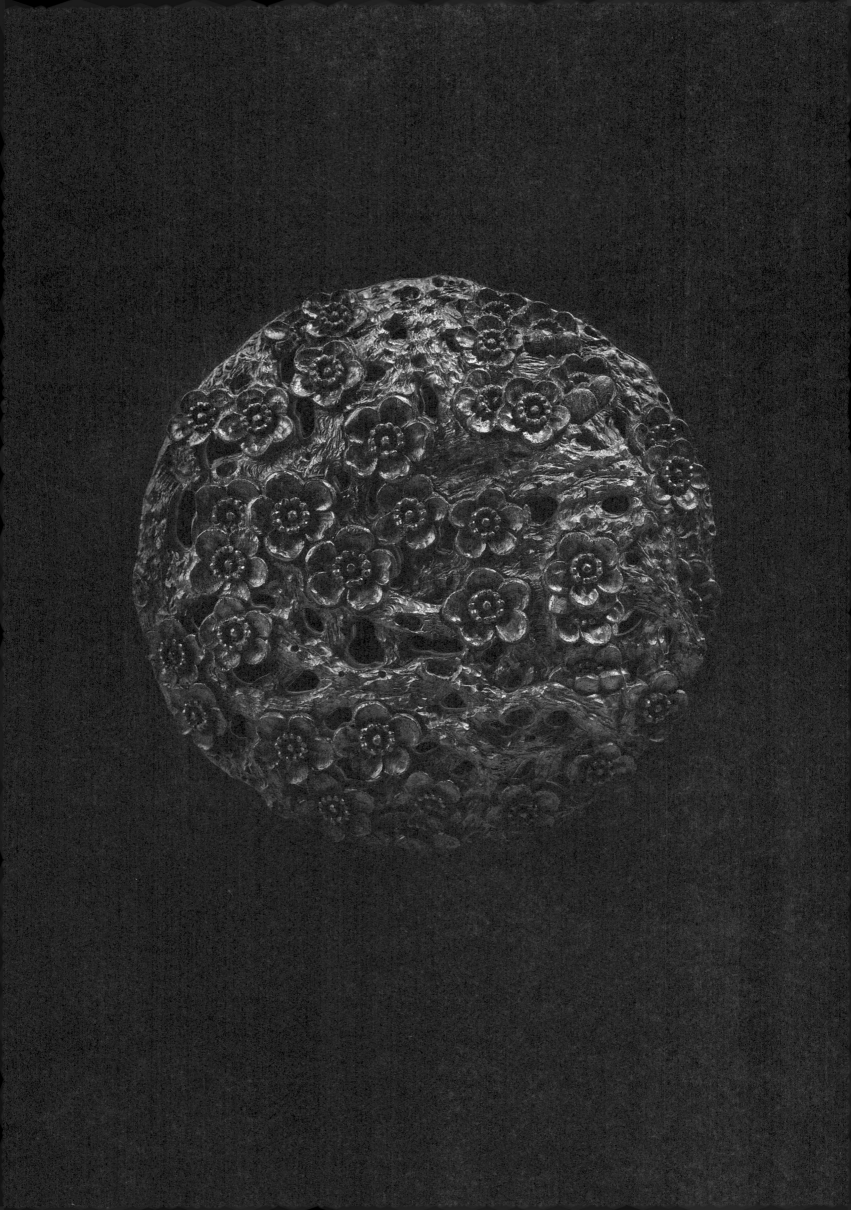

每个人都会用自己的方式去记录一种植物的生命。

善舞文弄墨的，便画下来，吟咏它的骨气，勾勒它的芬芳。墨水随着狼毫晕开在纸面，再落上执笔人的心境，绘成一幅《墨梅》《墨兰》《墨竹》《墨菊》。

"花开堪折直须折"，不擅文雅的人将植物的茎、叶、花摘下，有别处用：或置于书中，让花浸润纸张的纤维里，日子一久，自带书卷气；或择净晾干，倒进罐里，满上清酒也可，混入清茶也可，看梅兰竹菊在水中沉浮，也似人生。

于是善工匠者，用雕刻的方式，呈现"我"所见、所闻、所想到的花。而与写诗作画不尽相同的是，木工不仅需有描摹"花中四君子"神情的功底，也需有刀刃下的柔情细腻。古老的建筑和木质的用具里，有很多它们的身影，【梅】【兰】【竹】【菊】四椅亦是其中之一。

梅枝正值寒冬，傲骨从花香里钻出，花饱满绽放，愈是凛冽严酷，却愈是可爱三分。芝兰生于深林，轮廓舒展，青翠静雅中花开自若，余韵清浅，似有风过。竹枝疏影横斜，叶叶相覆，清凉摇曳，仿佛在幽幽深处，"一枕清风睡正酣"。秋菊则采用了类似国画中工笔重彩的技法，清丽雅致，恍惚间满眼灿烂，亭立枝头，抱香不落。四种花，从一朵拥成了一簇一团，虽囿于木架之中，却映在明月之上。倘若有风吹云动，也遂了木质檀香的心意。或许月色和雪色之间，椅背上的四君子也是第三种绝色。

种梅、养兰、栽竹、品菊，文人雅士将生活之情寄托在志趣中，不同人用属于自己的方式记录花的生命。汪曾祺先生言："人，一定要爱着点儿什么，恰似草木对光阴的钟情。"于是光阴流转，草木重生，人也别离，在所有变化中，总有梅兰竹菊在椅上钟情。

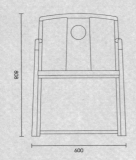

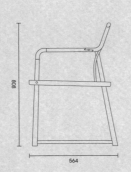

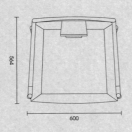

尺寸：L600mm×W564mm×H808mm
材质：黑檀、檀香

俯瞰【框】椅的时候，平面上特地将它造成了一幅画框的模样。框的中心倒也无需填充什么，因为有框，就有画。

其实无论从何种角度去揣度【框】椅，它总能在你眼前框出一个景出来。像是苏式园林的花墙和廊子，两边无所依傍，实际上是"隔而不隔，界而未界"。一眼望去，圆的框、方的框反倒增加了框中景致的深度。

当然，框也不仅是衬托内部的景与画的作用，很多艺术家把框本身也视为作品的一部分。梵高也曾说："一幅没有框的画，如同一个没有身体的灵魂。"

一个框的完成，也便意味着一次绘画或一次影像的结束，当然也意味着全新创作的开始。【框】椅不设限，艺术不会终于此处，在不可预知的未来里，艺术会始于此处。

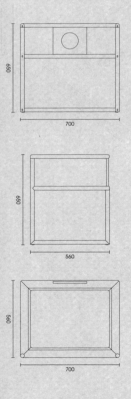

尺寸：L700mm × W560mm × H650mm

材质：檀香

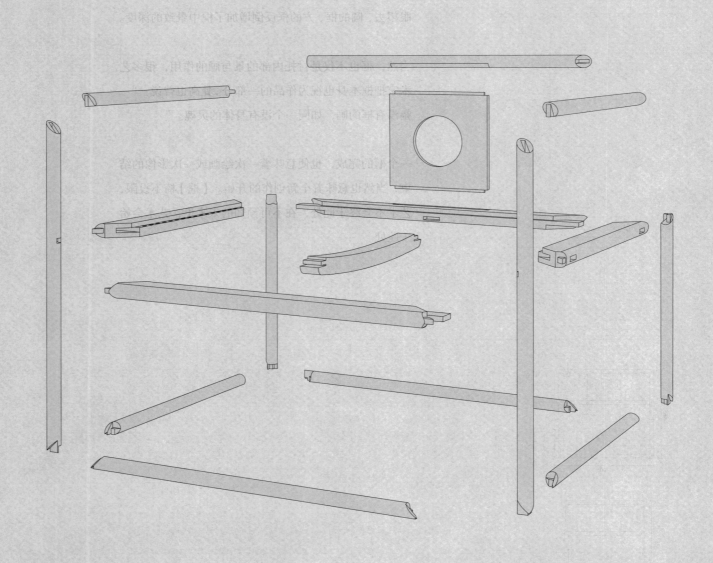

山中有花。未看见花时，此花与我们的心同样清寂。来看花时，花便悄然绽放。唯心主义说，心外无物。

心外无物。心外也并非只没有物，还"无事""无理"。所以，人若要理解世界的奥妙，则必先要做的并非迈出去，而是向内窥视，看看自己的内心究竟想看见什么。

就像花一直都在，世界也一直在。心观、眼观，在看不到的世界里或许仍是寂然不动的，但只需一花，或是一草、一木、一石，便足以让人内心如云涌。

【观】椅六方，观看着世间的方向。屏气凝神，静心入座，从中心出发，往更内心深处游历。或许格物致知，顿悟了天地，也未可知。

当然，后来科学的哲学见多了，一切唯心主义都是妄言。

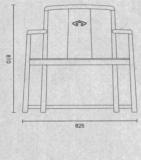

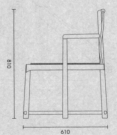

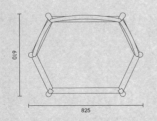

尺寸：L825mm × W610mm × H810mm
材质：黑檀

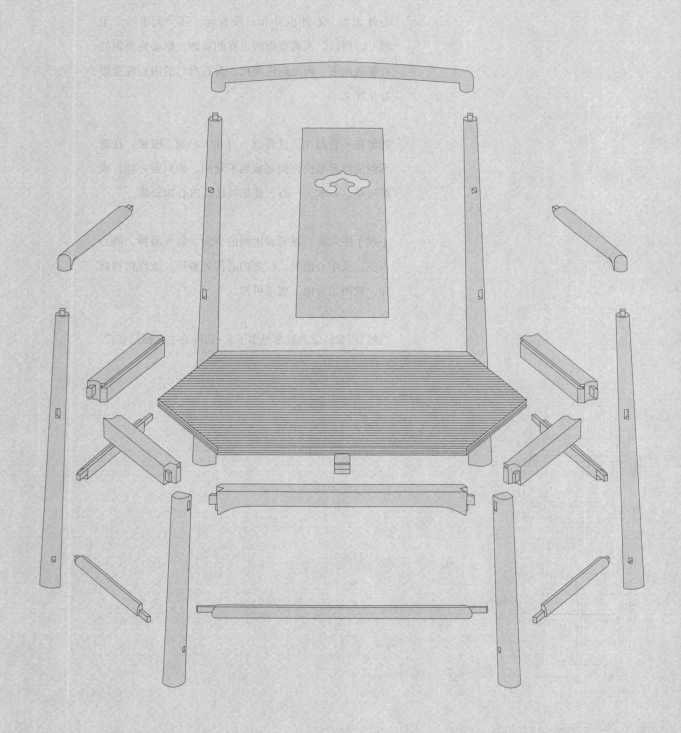

当地球变成村的时候，我们也发现了宇宙本身的广阔。纵使穷尽科学，也看不到任何一道边际。我们竭尽全力解读黑洞，望见最远的距离是 137 亿光年。在那个地方，对应宇宙大爆炸后的 37 万年，光子和电子正进行最后一次散射的时间。

和万万千千洪荒宇宙相比，人类犹如尘土灰烬。

但宇宙的概念、时间的长短归根究底，是人的感观。所以当惊叹世界之大时，与之相悖的角度是人类自身也即一个宇宙，或者说宇宙也可以很小地幻化在一个人体里、一个大脑里。

William Blake 写"一沙一世界，一花一天堂"，金子美铃在童谣里唱"神灵在小小的蜜蜂里"，《逍遥游》记载的鲲鹏"不知其几千里也"，所以我们讨论的不仅仅是生物学对于人体中细胞组织的宇宙，更重要的是，人之所是人的，对于宇宙无限大和无限小的想象。

因此，我们才能从最极致细小的存在里，看到不一样的世界。因此，我们有足够的动力去捕捉光年之外的星辰。因此，我们有了【珑】的存在。我们可以说，一凳一人生，一木一世界。人在【珑】凳里 / 凳在家里 / 家在世界里 / 就这样，就这样 / 世界在小小的凳子里。

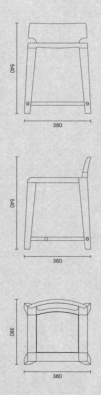

尺寸：L380mm × W380mm × H540mm
材质：黑檀

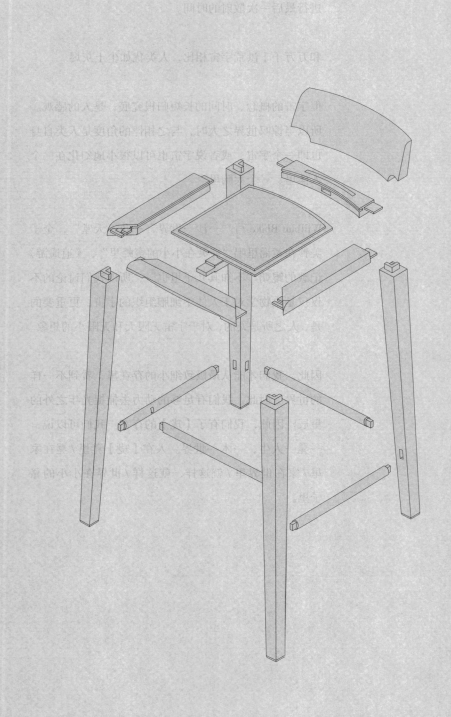

模仿 Wallace Stevens 的《取代高山的诗 The Poem That Took The Place Of A Mountain》所说：他抵达高山之后，在完美的山岩上，他将发现风景，可以思考，可以俯瞰大海，找出他唯一的自我的居所。这里的"他"，是一个人，其实也是一座山本身。

自古以来有山神一说，或许高山本就拥有自己的人格。如同罗丹的《思想者》，人类凝视着高山，高山亦审视着众生。在沧海桑田之后，矗立不动，望见人类的渺小与想要征服自然的狂妄，高山沉默不语，依旧肃穆。见过云天之高，探过渊海之深，一座山经历过的，人类何尝思考过。

人类只能矛盾地爱着高山，畏惧它的神秘莫测，却爱它的宏大，爱它的倒影，也爱它思考的灵魂。

这也是【高】凳意义之所在。

它自成一座高山。在某处便屹立庄严，睥睨着琐碎的低矮的一切，凝视着路过的蝼蚁。从深渊往上，【高】凳重新排列了松林，使得四季被横枨一一分明，讲述着时间也在这座高山停留过的痕迹。峰顶只有方寸大小的地方，在没有攀登者的时间里，它是神隐所在的地方；在哲学诗歌里，它是仅为独立之灵魂思想而设的净土。

尺寸：L420mm × W420mm × H905mm
材质：黑檀

聚

凳

如果把桌椅当作建筑来造，会有怎样的呈现？

大胆臆测，【聚】系列的模样或许与四合院是同根同源的。

四方相合，而规规整整，不复杂的构造，将传统文化、风水祈福和千百年的智慧都浓缩在这简约的空间里面。而四个方向在家人齐聚时，展现出了各自的作用。老人住北房、长子在东厢、幼子坐凳等等，各方总有各方的说法。不过，但凡落座，皆是一家。

众人围起的中庭，放在四合院里，会有些花园、假山与池塘来装点生活。而对于桌来说，则是川鲁粤苏浙闽湘徽的各显神通；对于案几橱柜来说，便是无限又无限的缕缕情调。

木质的结构，小到椅凳，大到院落，都是主体架构。若破亡，则都付之一炬，化为尘土；若兴盛，则枝繁叶茂，添桌加椅。如自然一般生死，人的理念也从中贯彻始终了。

四合院，如今已有上千年的历史了。桌椅家具文化亦如是。恒久不变的，是对个体与个体相聚成家的美好祝愿。

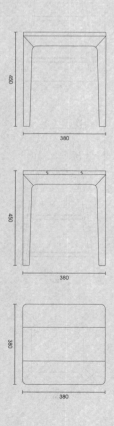

尺寸：L380mm × W380mm × H450mm
材质：黑檀

其实我们都是生活里的收藏家。

有些人收藏塑胶袋。往年旧时光里，那些老人畏畏缩缩地活着，即使多年过去，也谨记着计划时代要留下那些有用的东西。

有些人收藏崭新的邮票直至发黄。一本厚厚的集邮册里，没有戳章的痕迹，或许没有随信去往外地，便意味着邮票被改写的命运。

而那些文人雅士、达官显贵们都逃不开收藏文玩古董。欧阳修爱收藏历代石刻拓本；赵明诚与李清照夫妇致力于金石书画的收集；清朝乾隆帝收藏的奇珍异宝更是不计其数，其养心殿暖阁中著名的"三希堂"便是特地为王羲之《快雪时晴帖》、王献之《中秋帖》和王珣《伯远帖》而题的匾额，并且他还爱在收藏的珍品上留下自己的御印，一卷《富春山居图》便留下55处题跋盖印。

当然，也有人用照片收藏每一次定格的回忆，用书本收藏落单的叶子花瓣，用一室清雅收藏古拙家具，用一幅卷轴收藏生活意趣。

其实我们都活在负重前行的时代里，当人人都在传颂如何断舍离的时候，【卷】凳似乎背道而驰，不以为意。

玲珑静美的躯体里装着满腹经纶也好，诗情画意也好，风味故事也好，全部都浓缩在靠背的卷轴中，连起座面的设计，仿佛永恒不止地收纳着人间百态。它也有自己的收藏癖，把曾经的不愿忘记，把过往的仔细经历，把此生几十载路过人间的每一处风景都留存纪念。它引导平凡的所有人，如果生命一如卷轴，装满了更有意义。

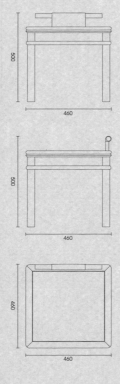

尺寸：L460mm × W460mm × H500mm
材质：黑檀

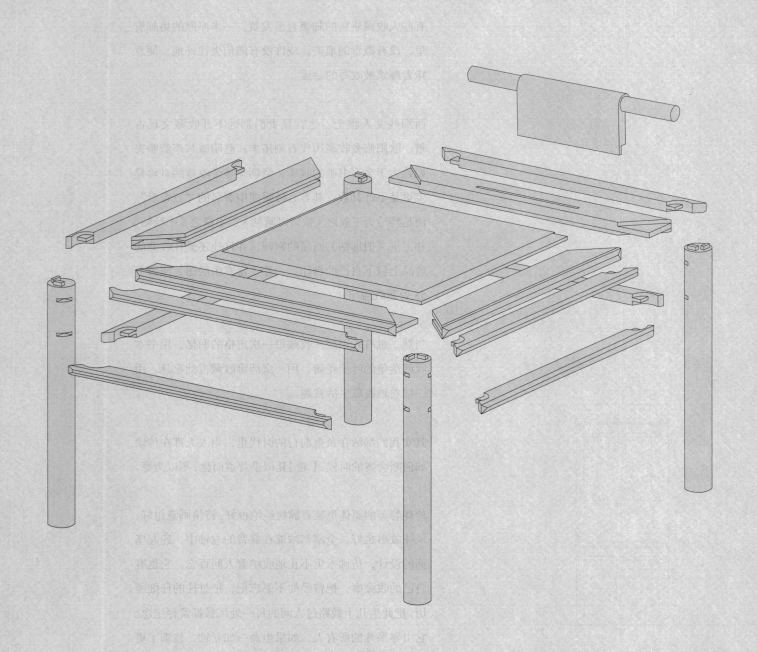

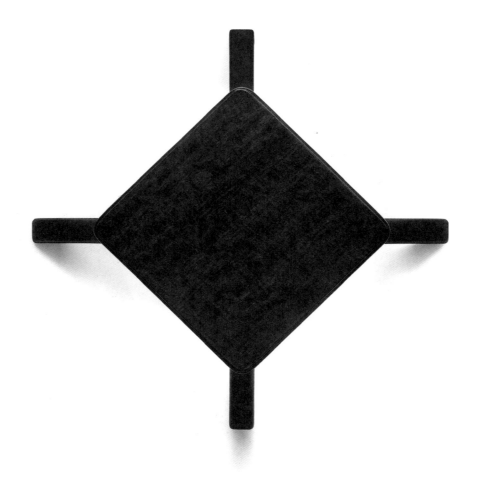

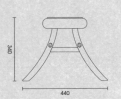

340
440

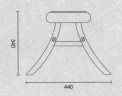

340
440

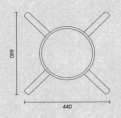

440
440

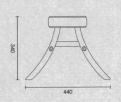

340
440

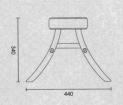

340
440

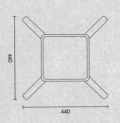

440
440

尺寸：L440mm × W440mm × H340mm
材质：黑檀

在生物界，人被划归在脊索动物门哺乳纲的灵长目。而因为会制作和使用工具，逐渐开始具有社会性，衍生出一种叫文明的东西。

但，文明是建立在野蛮的基础上的。人类文明发展最根本的矛盾，也是人与自我之间的冲突。而野蛮与自我，便是人类的本性——动物性。

没有人讴歌动物性。为了所谓的社会进步，唾弃动物性，注重人性。

但当我们发现，婴儿尚未成为"社会人"的时候，当儿童还在追逐影子的时候，他们的身上，只有动物性。

动物性的面目不仅是野蛮和周作人所说的"性的危险力"。他们因好奇而探索世界，他们因纯粹而创作真实的艺术，他们也作诗，写自己所看到的直接的世界，他们的想象无边无际。而这些，逐渐都被社会性所抹杀了。

我们是人，同时也是动物。我们从细胞，长大变老，成为尘土。回归本能的时候，我们又更像动物。在动物性和人性中间来回，发现有时候动物性比人性要可爱得多的多。

很喜欢丰子恺先生的一幅画作，画中，小孩给十分相像的【童】凳穿上了鞋子，题的字是"阿宝两只脚，凳子四只脚"。

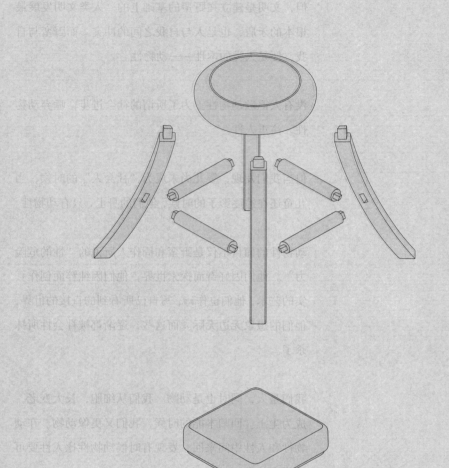

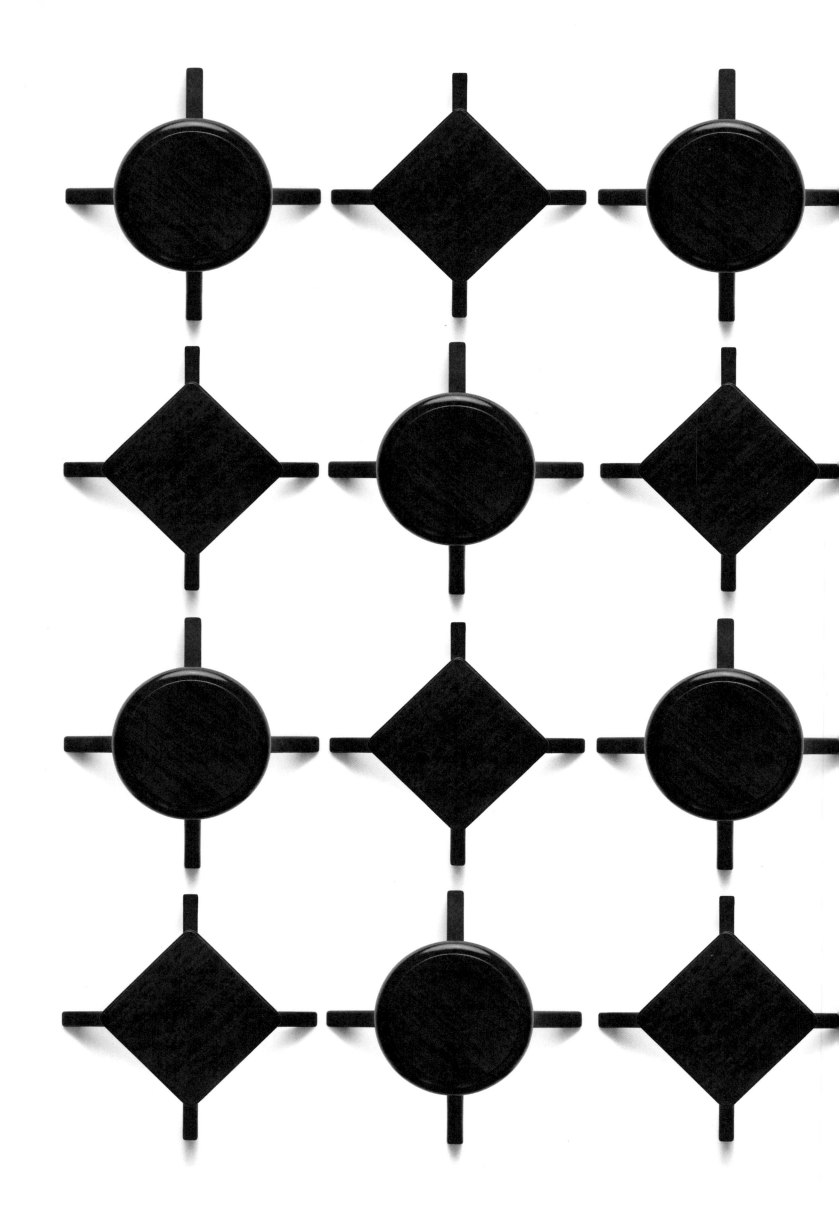

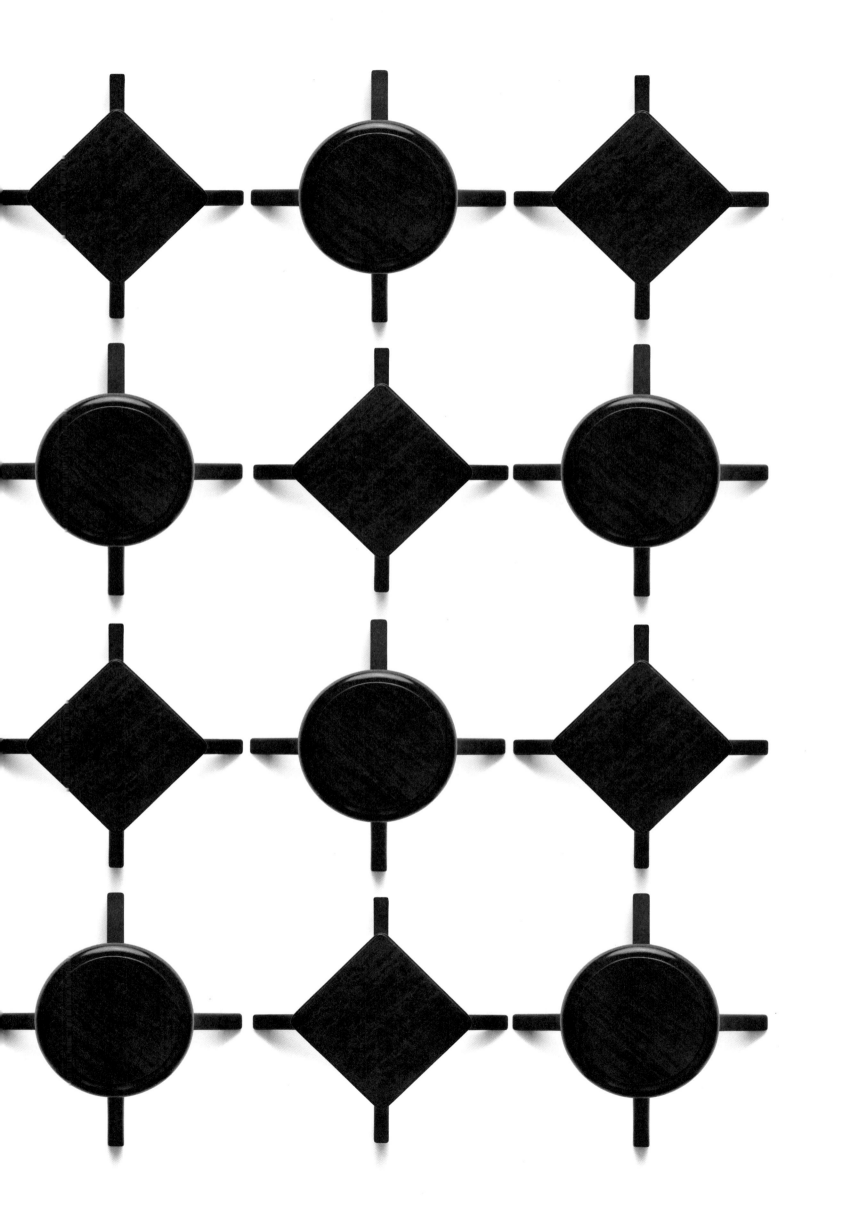

如果说书本是文化的承载体，那家具，尤其是桌案椅凳就是生活的承载体。这也是为什么我能从【承】中感受到生活的气息。

它们故意降低着身姿，倾听土地的声音。一年四季，都有自己的秘密，每一颗种子探着头吟唱清风的咒语。等到收割完蔬菜粮食，生活的惬意便浓缩在饭后一盏茶的氤氲里。诗人说"坐着不说话，就十分美好"。

当然，倘若想承载起生活，自不可少的是接纳生活的种种。【承】铺展开了自己，或拗成弧线，留住更多的诗意，或交织成网，在缝隙里藏住最后的人情。

我们感叹文化失落了，感叹没有生活了。或许有【承】的家，是个不错的精神角落。

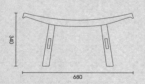

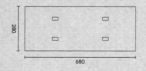

尺寸：L680mm × W280mm × H340mm

材质：黑檀

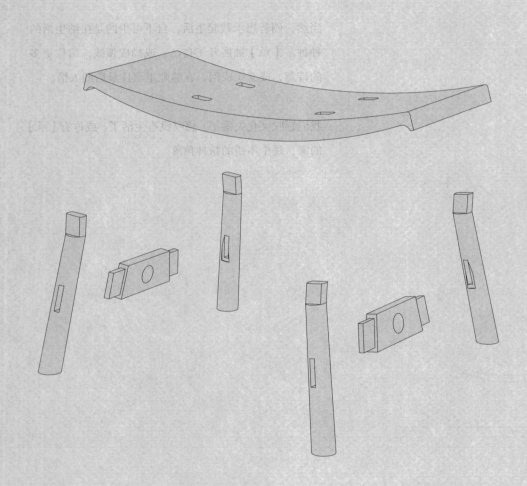

传说雷电在秋天藏入泥土，春耕时农民一锄地，雷电就会破土而出。于是，蛰虫惊而出走，草木苏醒，万物生长。

我相信一切皆有灵的说法。每一件事物，与人不同的是，更多时候他们只是做好了一个观察者的角色。桌椅观察一顿热闹非凡、觥筹交错的饭局，书橱观察悄无声息、沉浸其中的思考，床榻观察劳累与一天的结局。

所以当设计者制作一件新的家具时，也可以说他们创造了一些我们生活的观察者，甚至是参与者。因而好的家具当然不应只是一个物质材料的组合。在人类生活中，家具也有自己的思考。不是思考如何被人使用，而是如何与人相处。

他们通过解构视角，去保护生活的情趣。尝试包围空间，去阻挡外界的侵蚀。他们与一整个家共生着，真正地在融入每一个家庭的日常。

明式家具的设计之所以受推崇，或许也是因为它懂得家具的生命、生活和生长。就像【提】箱拾级而上，一半沐浴阳光，一半洒落阴凉，非常沉默，非常骄傲。即使没有遇到一声惊雷，也可以在四季和昼夜里，在忙碌与闲暇中，在阳春白雪和下里巴人间，融合共生。

材质：黑胡桃

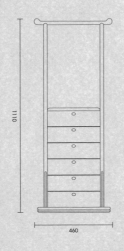

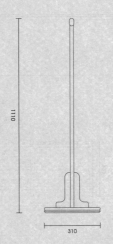

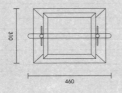

尺寸：L460mm × W310mm × H1110mm
材质：黑胡桃

聚

桌

我总觉得，因为别离苦，相思浓，人们总把重逢看得极其隆重。

但从呱呱坠地、褪去襁褓开始，我们便总在别离或即将别离之中。少小离家，与父母家乡别离；奔波漂泊，与爱情挚友别离；成长衰老，与时间青春别离。且不提每天的无数个匆匆过客。

或许，我们早应该习惯别离。就像热力学第一定律，宇宙中的能量不会被制造出来，也不会被毁灭。我们体内的所有粒子都会变成别的事物的一部分，也曾经是别的事物的一分子。可能是月亮、积雨云，或者是猛犸、微生物。其实，所有的生命都在这样的不停歇地循环往复，相遇和离别都是一样的短暂。

所以【聚】桌便做成了最简单的样子。因为平淡无奇的生活的每一天，也许就是连续发生的奇迹，也许就是不断的重逢和相遇。即使"昔去雪如花，今来花似雪"，但我们也只会"草草杯盘共笑语，昏昏灯火话平生"。

我想，别离，不需要特别的意义。因为总有一天，我们会重逢。到那时，我们相聚的记忆会跨越山河沧桑和生命时间，永远留存，永远鲜艳。

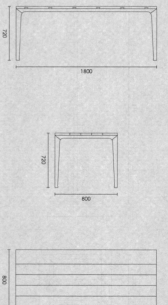

尺寸：L1800mm × W800mm × H720mm
材质：黑檀

一横一竖，四棱方正，如同汉字一般的存在。一张桌，即为一个字，排列整齐，在规则模组中铺展开，墨水浸渍后，染出原始厚重的中国文化。在印刷时代，方块字便是文化的最小构成单元。

也像方块字一样，活字印刷术的发明，让文化开始真正有了便捷的传播方式；方桌的发明，也让饮食有了更加庄重的仪式。虽然印刷术并未"在中国引起思想的动荡，民族语言与特性的推进，或者一场文化和科学上的革命"。但最简单的、最原初的方桌却以自己的方式一代代延续下来，成为了每一个时间里的家的最小单位。

回归家具最朴素的状态呈现，【方】桌不仅形似汉字，其象征意义也如同字组成了文一般，一张桌便是一个家，千万个家便有了国。【方】桌也是国的最小单位。

材质：黑檀

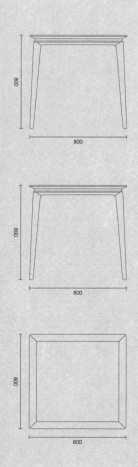

尺寸：L800mm × W800mm × H800mm
材质：黑檀

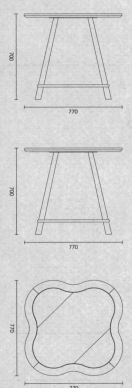

尺寸：L770mm × W770mm × H700mm
材质：黑檀

季

——

桌

我们把时间，视为人类最大的、永恒的敌人。

正因为它公平地抹杀一切人和事，不讲道理，不留余地。它让英雄迟暮，老骥伏枥，啃噬青春和美貌。

时间抹去历史，看不见秦始皇的焚书坑儒，阿房宫的大火缘起何处。时间，也消磨情愫。

小鹿是乱撞的第一秒，初恋的人的相貌，撕心裂肺的分离，痛彻心扉的死亡。有人说"因为世上最难过的事并不是逝去，并不是生老病死，而是'本可以'"，但日子久了，遗憾本身，都会忘记。

多少个千年，人类从未放弃与时间的对抗。

文字记录的书，保存印象的画，直到现在出现的各种声光电数码。可是四季轮回，也不会因为丝毫动静，便停止无声的脚步。但风过留痕，雁过留声，时间的变迁本身却规律地在桌面留下了行迹。

我们努力仿照时间的样子，来追赶和对抗时间。沙漏、钟表和年轮，我们猜测时间，圆润得像雪团，似萌芽，如雨花，是果瓜。古人说："故春非我春，夏非我夏，秋非我秋，冬非我冬。"或许我们要做的，是敬畏和从容。

琴

———

桌

艺术总是各自不同，却互相共通着。虽表现的形式千变万化，但作者的内心往往都能通过绘画、设计、音乐、舞蹈等外在方法去捕捉对方的感性。就像是服装设计师高桥盾用拼接、糜烂等手法，解构和诠释超现实、唯美、诡异的朋克精神，用一套套衣服表达德国电音先锋 KLAUS SCHULZE。就像列宾的《伏尔加河上的纤夫》和《伏尔加船夫曲》，或者梵高的《星空》和 Don McLean 的《Vincent》。就像此刻《琴》桌的思绪，回荡出《高山》与《流水》的宫商角徵羽。

面前的峨峨泰山，脚下的洋洋江河，此处惊心动魄，彼处行云流水，边缘万壑争流、一泻而下，琴音的韵律都写在了黑檀木桌里。山载水流，水润山脉，人的情绪与山河相融，脉搏与自然之木同律，互相振频同奏。最后琴声止，【琴】桌静。仿佛彼一刻的扬扬悠悠，清清泠泠，浩浩汤汤，一直经久不息，却又不曾有过。独留【琴】桌在此，无花案自香，无山音不绝，无水有清流。

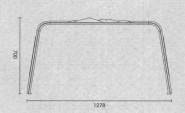

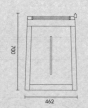

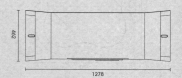

尺寸：L1278mm × W462mm × H700mm
材质：黑檀

现实的变化，从细微之处都折射进了影子里。一颦一笑，一抬首一低眉。光从月球上落下，从眼睛里泛滥。电影戏剧里的主角总是等在"影"之后的下一个镜头里出场，我们躲在镜子里，藏着即将溢出的深情和控制不住的期待，但终究在脸上不露声色，不着痕迹。

人们总说形影不离，影被当成了一种附属品。粘着在事事物物之上，并降落在背后、脚下和对面。刻板印象里，缺少主体的影将不复存在，倒映着的爱和一切激情失去价值。于是，片面地忘却，影之所以为"影"存在的意义。诗歌、散文、小说，不同形式的艺术设计，乃至活动的戏剧电影，何尝不是"影子"本身，隐匿着对生活的解读，倾诉着热烈的渴望，捕捉了或柔软、或锐利的目光。

一位饰演影子的花旦，也是一位作为花旦的影子。两弯似蹙非蹙罥烟眉，一双似喜非喜含情目，晨起梳妆，对镜画眉，【影】台前是女子柔情似水。我愿相信"这世上真话本就不多，一位女子的脸红胜过一大段对白"。

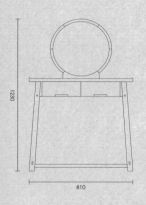

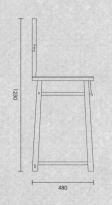

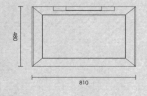

尺寸：L810mm × W480mm × H1230mm
材质：黑檀

星稀，所以月明；天清，所以日明。日月共生，昼夜
相伴，不分彼此。【明】是一首写给日月的诗。

一圆明日悬于柜上。是苍山渐远，飞鸟相还，有时候
听见朝霞低吟，有时候闻见暮日西坠，江水东流。

一圆明月垂挂树梢。是灯火阑珊时，诗人喝了一口街
上的朦胧，看见圆月忽有忽无，醉人、离人、断肠人
心照不宣。

【明】点亮了生活，睁眼望见世界。【明】是柜子，
竖的，是古人留下的章印；横的，是当代的墨迹未干。

【明】门紧闭，锁得住诗人，锁不住缝隙里一个一个
漏出来的光、剪不断理还乱的"情"。

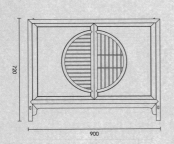

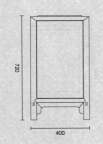

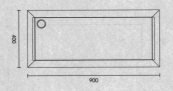

尺寸：L900mm × W400mm × H720mm
材质：黑檀

287

茶

柜

虽然同根同源，但讲究形式主义的日本茶道与中国茶的区分越来越大。中国茶融入在日常之中，失去了繁文缛节，与柴米油盐酱醋混为一谈，将茶的本质定义成了生活。

而日本茶道保留了古时的方式，并演变成了一种"审美主义的宗教"。像最早向西方世界介绍日本茶道的冈仓天心书中所说："本质上，茶道是一种对'残缺'的崇拜，是在我们都明白不可能完美的生命中，为了成就某种可能的完美，所进行的温柔试探。"而【茶】柜便是其中的一次试探。

【茶】柜静默不语，实践着"和清静寂"的设计。它对世俗美采取否认的态度，不取世俗喜爱的华丽之色，而以暗淡的朽叶色为基调，在茶禅一味中潜移默化。而中间留出的空白设计，简素幽玄，或许不圆满，也是对残缺自然的敬畏。

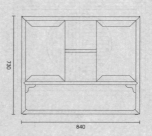

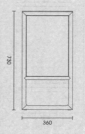

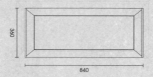

尺寸：L840mm × W360mm × H730mm

材质：黑檀

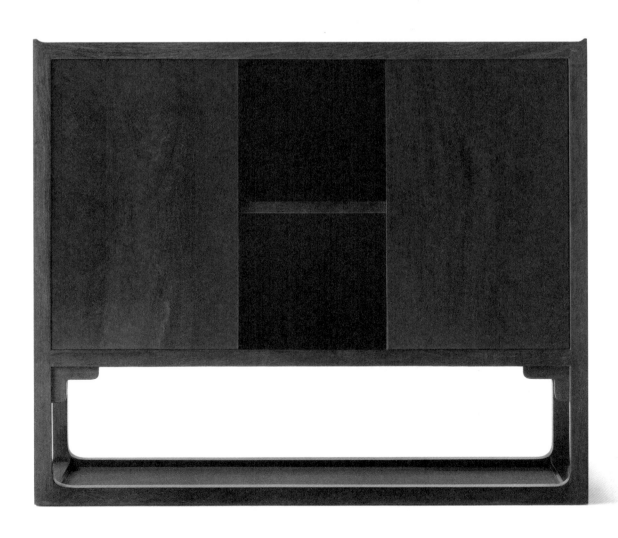

材质：黑檀

张爱玲在书中数说了人生的三大憾事，一恨鲥鱼多刺，二恨便是海棠无香。

海棠与诸多蔷薇科植物一样，选择在人间四月开花。与她争斗的还有梅、桃、李、梨、杏、樱等，但纵使繁花如此，却仍赢得一个"花中神仙"的称号。其品味，其貌颜，使得诗人皆愿意将一片春心付予她。

然而说起海棠，却往往与《红楼梦》脱不开干系，张爱玲紧接着说的第三恨就是"《红楼梦》未完"。

譬如秦可卿一幅《海棠春睡图》惹得宝玉梦入太虚幻境，开启了红楼大幕。

而海棠诗社里的各位女儿作的是海棠诗，也正好预示着她们各自的性格命运。

黛玉笔下的半掩半开，宝钗口中的含蓄知性，湘云手书的简单大方，说的是海棠，现如今看，【棠】柜试图传达的也融合了这些诗作的品性。

当【棠】柜双门轻开，好似一夜风来，吹得海棠春睡，红楼梦醒，吹得即使无香，却念想悠长。

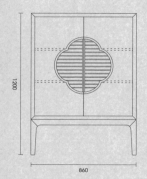

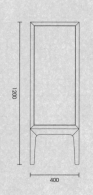

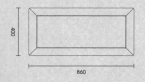

尺寸：L860mm × W400mm × H1200mm
材质：黑檀

承·翘·画·厚·格·桁·叙·回·平·墨·兰·惠·栖·吉·风·叙

古人行文作诗时，常有一个手法顺序，即所谓的"起承转合"。元代范德玑在《诗格》中写："作诗有四法：起要平直，承要舂容，转要变化，合要渊永。"古往今来的名作名诗中，这四种技巧，往往缺一不可。此次单独讨论的是其中的"承"。

"承"，是承上启下，是一种延续，从或情感、或叙述、或描景上，使前面的"起"更加饱满。"承"是一个过程，一个从容舒缓、娓娓道来的过程。透过"承"，字里行间所表达的，是远近的交错、动静的相对、各种感觉器官的互换或者时间与空间的变迁。在"承"之前的，都是铺垫；在"承"以后的，都是升华。

所以，如果说人生也有起承转合，那么"起"是人生的开端，"承"便是现在、当下、此刻。

此刻是充满未知的。大到世界局势风云变幻，小到周边生活瞬息不同。

此刻也是充满趣味的。我们与无数个过客相识，与无数个景色相遇，在无数个山水有相逢里，见证无数个故事和戏剧。

但此刻终究应是"舂容"的。即使信息爆炸，忘却快速行进的车辆、建筑和城市，只与两三好友，话情怀雅致，一起松花满碗试新茶。

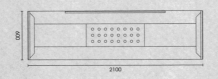

尺寸：L2100mm × W600mm × H580mm

材质：黑檀

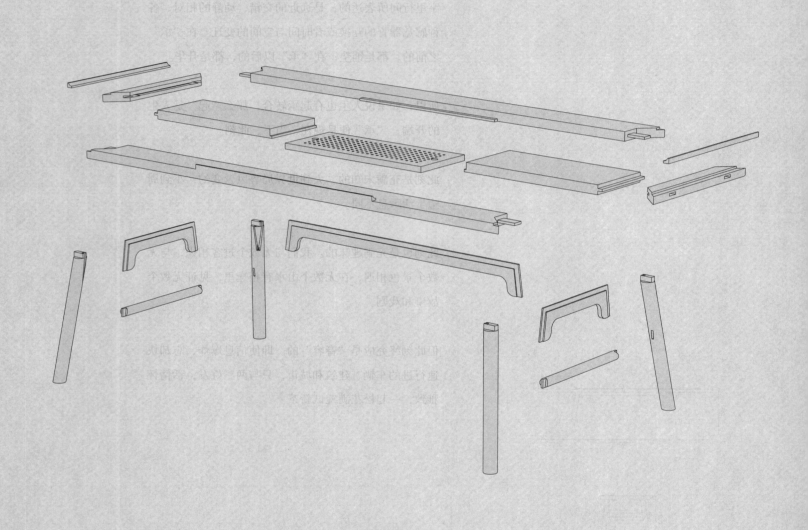

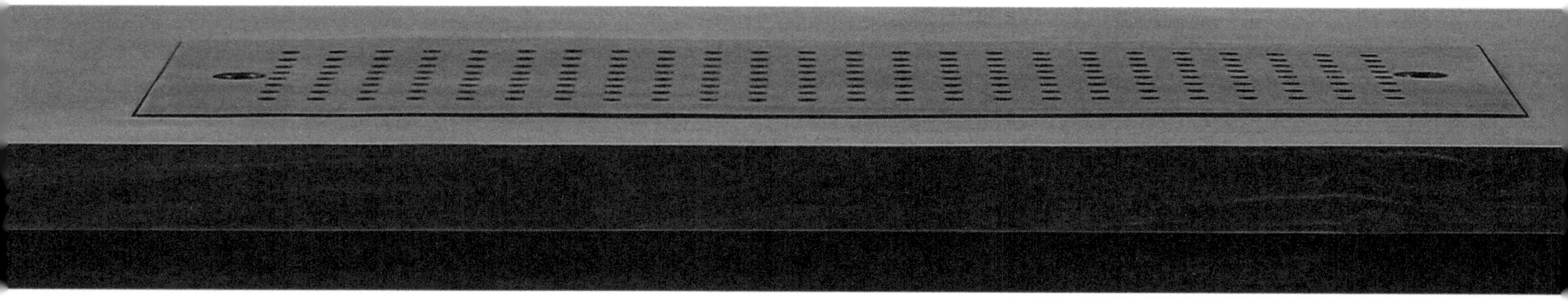

【翘】的雅致之处是行至两端时的微翘。像分离，也似出发，我理解是"回首"。

回首，才有小楼昨夜的东风和一江春水向东流，只记得愁。

回首，才有灯火阑珊，笑语盈盈，星如雨落，偶遇惊喜。

也只有回首，才看得见【翘】案表面平静如熨烫过的青天。以及行到水穷处，回首看见白云从【翘】案四角流淌，细流万里，或是烛香从四脚直直升起，化作祥云。

其实人生往前，不必回首，因为"人的烦恼就是记性太好"。但也正是回忆，堆砌出了现在的你，所以人生又应多回首。"当你不可以再拥有的时候。你唯一可以做的，就是让自己不要忘记。"

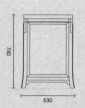

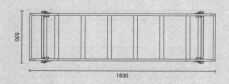

尺寸：L1830mm × W530mm × H740mm

材质：黑檀

画

案

学绘画，皆从几何开始。一个点，一根线，线连成面，面相交成一个体。一直到体，也是将最基础的正方体、球体摸个清、摸个透，才可以下一步。而在以前的鸡汤故事中，即使是达芬奇此类大师，也需要苦学画鸡蛋三年六年。

由此见，一切艺术和所有的艺术大家，也许都起源于幼时的一个圆点而已。

置于绘画之中，其实从古至今皆有"素以为绚"的说法。素，是简单，是少，是无和空；而绚，是繁华，是多，是有和色。素以为绚，便是用简单去构想繁华，用留白来创造大千世界。这也是【画】案之所以如此极简的思考。

从素以为绚出发，最终中国绘画有了自己的风格。"水墨最上""计白当黑"等等，【画】案也从这些美学中学习，如果有一个修行终点的话，那应该是"无画处皆成妙境"。

尺寸：L1980mm × W650mm × H760mm

材质：黑檀

用具体的形去表现抽象主义的文化和情愫，是艺术诞生以来美学理论中的一部分。比如很早就做出改变的，绘画体系。

从 20 世纪初，印象派的绘画写生开始对笔触越发关注，增加作画时的笔触厚度，比如德国表现主义画家诺尔德。到 50 年代，有部分艺术家逐渐强化颜料的特性。区别于装置艺术和观念艺术，它仍然是绘画艺术范畴，却不断探索材料的物质性，充分利用颜料的流动质感与厚重的固体特性，加上时间对颜料的影响变化。典型的代表，如造了"厚绘画"概念的中国艺术家朱金石。

绘画发展至今，有无限的艺术家和无穷的灵感去作出无数的画面，但不可否认的是，二维静止的绘画本身对于视觉的冲击逐渐式微。作为一种需要超越传统的艺术形式，展现绘画的厚度成为了一个选择。

抛开对于绘画定义的改变，"厚度"增加的不仅仅是受众们对于立体作品创新的好奇，更增加的是对于创作者情感和背后社会历史、意识形态的多维感知。

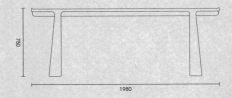

与绘画同理，家具的设计本身便是立体的形态。如何将精神性的中国传统文化韵味实体化，以此来成就作品的物质特性，"厚重"本身成为了极其重要的一个特征，因为它能赋予瞬息即逝及虚无缥缈的感觉有形的躯体。在快餐时间里，增加厚重的载体，去延缓飞速流逝的时间，沉淀下所有想表达的情感和文化，一层一层把树木年轮里所经历的变迁凝练在眼前。

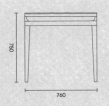

【厚】，因为它所蕴含的所有，期待着被感知，更期待着在未来的沧桑消磨，它可以存留住最初的创作者的心。

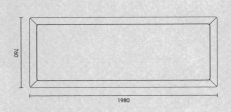

尺寸：L1980mm × W760mm × H750mm
材质：黑檀

古代家具传承至今，逐渐因其美而雅，成为一种雕刻的艺术。在木质中进行探索，通过空间几何，构建出不同的品格。其中【格】架，展现的便是明式家具的典型品格——涵蓄。

它貌似简单，实则神奇。处处留白，却在几根线条的交错中，置入了不舍昼夜的心思。它优雅，像一位古代文人绅士。正如王世襄在《明式家具珍赏》扉页中所缅怀的那位好友——陈梦家先生所谈论的："这些空白也并非只是空白而已，它们本身是不装饰的装饰，一种无言之言。古人所谓弦外之音，所谓涵蓄，就是这个意思。"

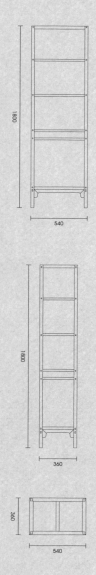

尺寸：L540mm × W360mm × H1800mm
材质：黑檀、檀香

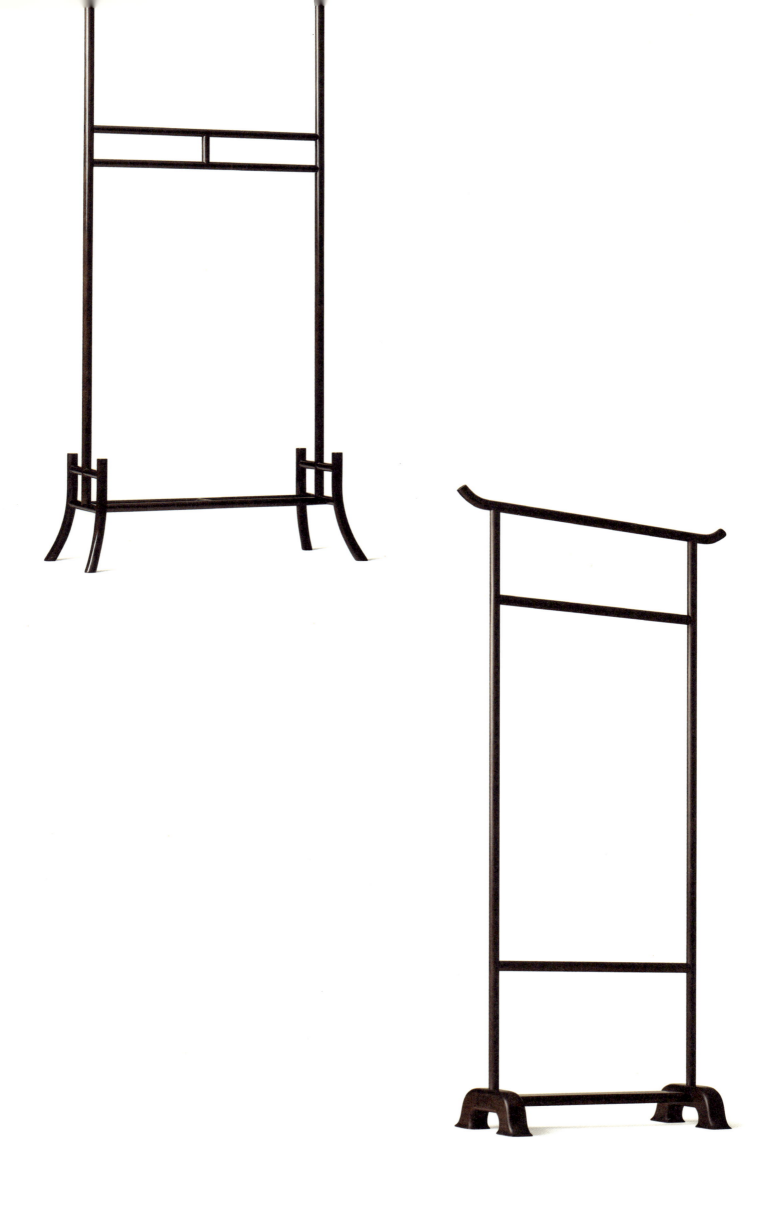

繁华都市中，千篇一律的钢筋水泥，罩着反光玻璃的外衣，为了避开世俗而建于山林之间，佛教寺院用三座"山门"区分了红尘——分别是"空门""无相门""无作门"。

而后世寺院又多造于平地、市井之中，山门也便开始落在大街小巷。原来的"三门"也改为了只有一门——"空门"。再到平民百姓家里，禅的教义不再居于高阁，【桁】架的设计意图便也有迹可循了。

空空色色，色色空空。用一杆横梁撑起清规戒律，用两端飞檐挑起苦难慈悲。虽说要入佛门先入空门，但留在俗世，也总会悟出一些生活的禅意。

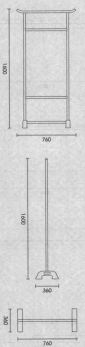

尺寸：L865mm × W348mm × H1760mm
尺寸：L760mm × W360mm × H1600mm
材质：黑檀、檀香

叙

几

从毛呢大衣上的一根头发，到破解一桩连环杀人案件，线索总是在毫不起眼的时刻，被有心人发现。

就像 4 年前饭桌上，烂醉前叹的最后一口气；就像拐角小食店老板，不知何方的口音；就像家里每一件物品摆放的位置，每一个桌脚、柜底旁因久未打扫而布阵整齐的灰尘；就像小说里的一个标点符号，而非字字句句。

当记忆把他们当作垃圾文件删除，却在很久很久之后，无意间被猝不及防地突然提起。于是，回忆围绕着【叙】几，掀起了蝴蝶效应。

原来时光总是会留下线索。以至于我们打着叙旧的名义聊起过往时，思绪牵引着回忆，奔涌而来，历历在目。那些散落在生命中的线索最终相遇。

茶的蒸汽，酒的香气，此一刻的【叙】几也成为多年以后的线索。或许在未来的某个寂静里，眼神会穿透岁月，对视着当时的自己。往事并非不可追忆。

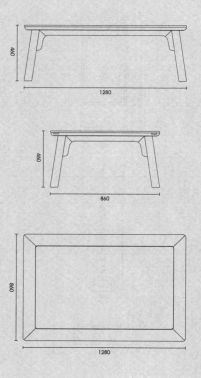

尺寸：L1280mm × W860mm × H460mm
材质：黑檀

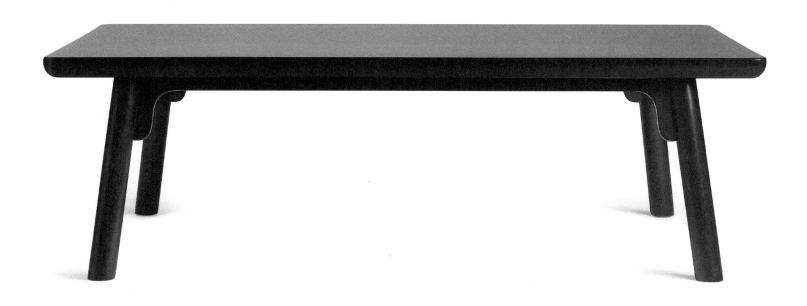

我们无法否认，当木被造成案几的时候，它已经死了。

【回】几中心的花纷繁盛开在最精致的时刻，随后被定格成永恒静止。无数的花瓣仿佛绕成一个个莫比乌斯环，挣脱不出无限的萦回往复。此一刻，花已死去，也永生着。

佛教认为今生只是漫长生命中的一部分，在它之前有着无穷的过去；在它之后，又有着无穷的未来。

或许死亡才是真正的开始。百年之后，木头腐烂，落地为泥，等待发芽。从而一个新的轮回开始，从植物到案几，再从案几长出新的植物，循环如斯，生生不息。

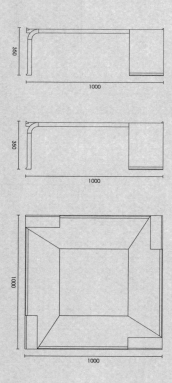

尺寸：L1000mm × W1000mm × H350mm
材质：黑檀、檀香

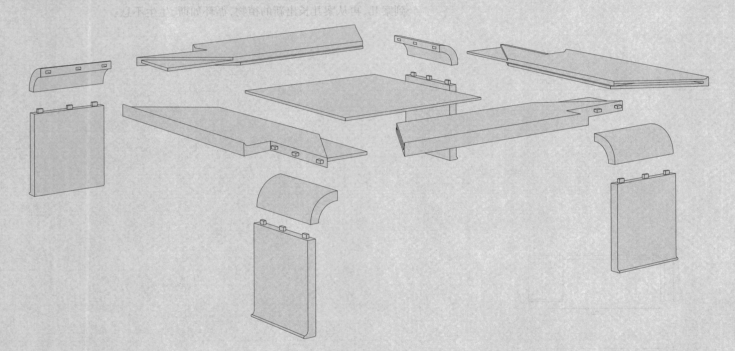

"天色已晚，人们都赶在回家的路上，我的一天才刚开始。人们称这里为'深夜食堂'。"

这是电影的开幕，一段白开水似的独白，像此刻【平】几的出现，平淡到甚至有些"寡味"。有人说：生活平静死寂，所以小说家创造了开场。

但没有人生活在小说里，每一天不需要都有起伏跌宕和曲折婉转，华丽的惊喜和冒险刺激也几乎不见。更多时，我们是抚平的案几，就像一部《深夜食堂》般，即使开场了，也不过是些日常。我们应习惯日常。我们也应接受平淡。

最终随着时间推进，人生故事徐徐展开了。每个人走到了自己方向里的尽头，沿着案几的四角，温柔地，落下帷幕。

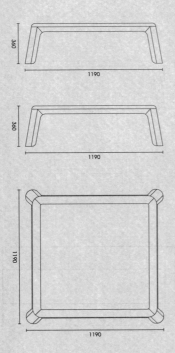

尺寸：L1190mm × W1190mm × H360mm
材质：黑檀

两端微微隆起，拦住了肆意流淌的、如同墨汁的纹路。墨几更像一方砚台，几上能承载多少物件，砚台里便画出多少个大千世界，甚至更多。

砚台不动，静止的墨凝固住时间，倒影里是缓慢流动的风，是徽南山脚下的雨。只有心灵深处久居的安静，才能体味雨后的微凉浸润空气，即便屋前没有竹叶常青，亦或是梅花映雪，也有沁人心脾的香。

固然，时间不会停驻不动。沿着纹路前行，黑檀木上的年轮一圈圈循环往复，纵是在复制技术盛行的时代，却永远也模仿不出这最简单、最原始的图案。就像一幅水墨，一笔带过的晕染造成一些意外，意外产生了灵韵，灵韵才有了这看似偶然、绝非偶然的图案画作。

一架【墨】几，便是一方砚台，便是一卷画作。

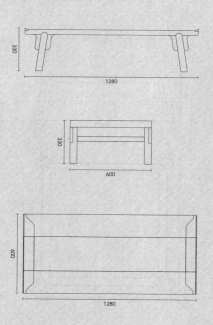

尺寸：L1280mm × W600mm × H330mm
材质：黑檀

明式家具，借鉴的自然亦有明代艺术的美学。【兰】几，便有七八分徐渭笔下墨兰的姿态。

有人说兰花是为水墨而生的，留名的或不知名的画师都爱以兰为主题素材。因为水墨是一种关于线条的艺术，而兰的形，也只有轻点水墨后的行云流水，才能刻画得"四清"皆备。

徐渭笔下的兰常常是简练脱俗、格调古雅的，他在兰花的笔触里画进了自己的性情。后人视今，亦由今之视昔，当家具与画作共鸣时，【兰】几自然也有了自己素静的清幽。

一处芝兰，一室清香，兰花附着在【兰】几之上。深林之中，兰从单一的绿色和复杂的环境中独自出离；家室之内，【兰】几在平常琐碎的生活中独自芳香。

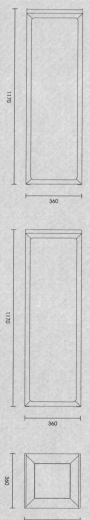

尺寸：L360mm×W360mm×H1170mm
材质：黑檀、黑酸枝

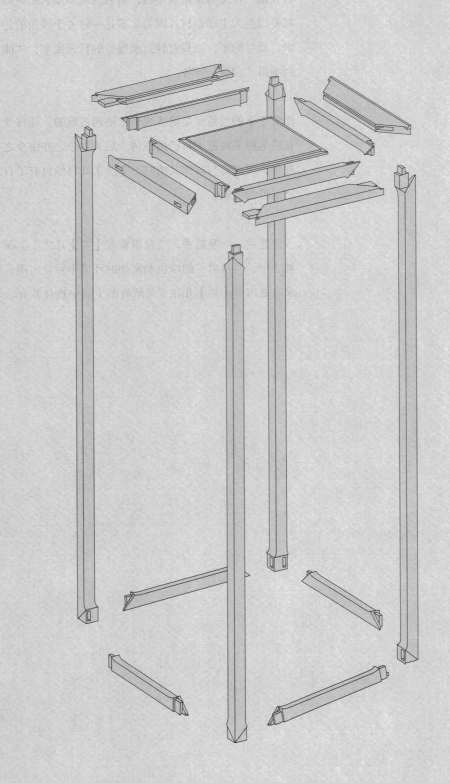

我们永远记住善的感觉是温热的。

人生开启之后的路程，我们边走边回忆，永远也回不到出生的地方，寻不到柏拉图的理想国，像天黑的孩子无论如何也找不到回家的路。我们在记忆中一遍一遍重现破碎的画面，闭眼冥想那种温热。

很多哲学家都在对善进行定义：是行为，还是目的？是欲望，还是裨益？是可变的，还是永恒的？

又或许，善是一种恩惠，是仁义礼智信中的"仁"字，也是大写的"人"字。善惠共生，善即惠，也便是君王的爱民、慈民和众生的好与、柔质。因善而惠，犹如授人以鱼；因惠而善，是知行合一，而止于至美。

说到底善或惠只是来自于母亲在故事里说的道理。道理是火炬，使人前行。前行的人相互吸引，相互教导，时间和智慧点燃起善的篝火，我们守护篝火，继续探索。

每个人的美善恩惠如同椅的四只腿，联结起来才能平衡世间的恶。每个个体的内心站在底线之上，解放自我，摆脱枷锁，超越物质。每个单一的善和惠可能是孤独的，无穷无尽的黑暗在前方，只能一步一步照亮。

但探索善惠的步伐没有停驻过，篝火燎照，我们的内心铭记着的那份温热从来没有消失过。

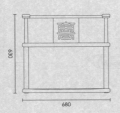

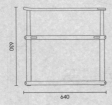

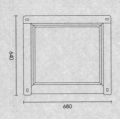

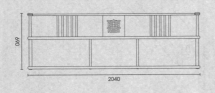

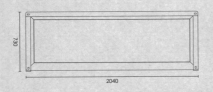

尺寸：L680mm×W640mm×H630mm

尺寸：L2040mm×W730mm×H690mm

材质：黑檀

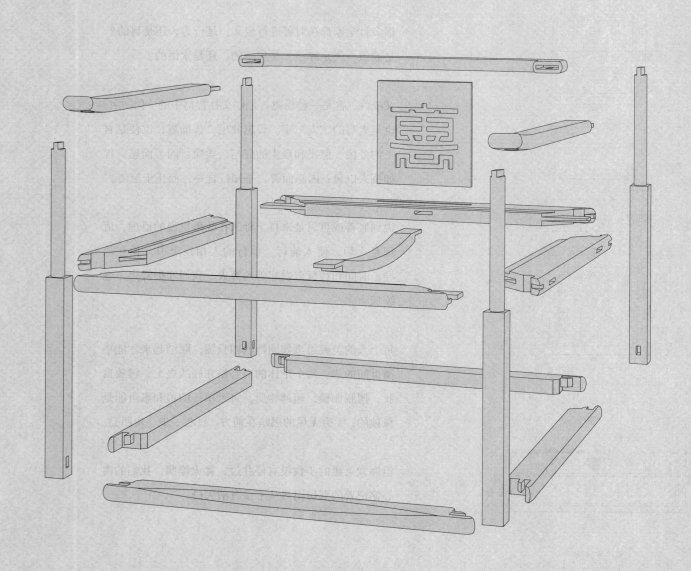

栖

白条鱼躲在河底鹅卵石叠起的缝隙里，溪河温温吞吞涌入山谷之间，山海卧倒在城市边缘，人栖居在城市包围的大地表面。

海德格尔说，我们栖居，并不是因我们已经筑造了。

相反，我们筑造并且已经筑造了，是因为我们栖居，也即作为栖居者而存在。我们挑选，自由地在大地的上流连，直到看见最合适的地方停驻。就像写诗，在1万多个汉字里挑选，直到推敲出最能传达内心的机缘。

花睡在阳台外面，猫在屋檐跳跃。钨丝灯的黄色光吸引着蛾虫，【栖】榻敞开心门，等待晚安。人们的梦相互交织，却彼此陌生。林语堂期待着宅中有园，园中有屋，屋中有院，院中有树，树上见天，天中有月。

人生若能如此便不亦快哉！

人的本质是诗意。人应该诗意地栖居在大地上。

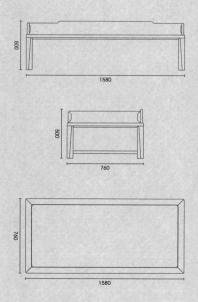

尺寸：L1580mm × W760mm × H500mm
材质：黑檀

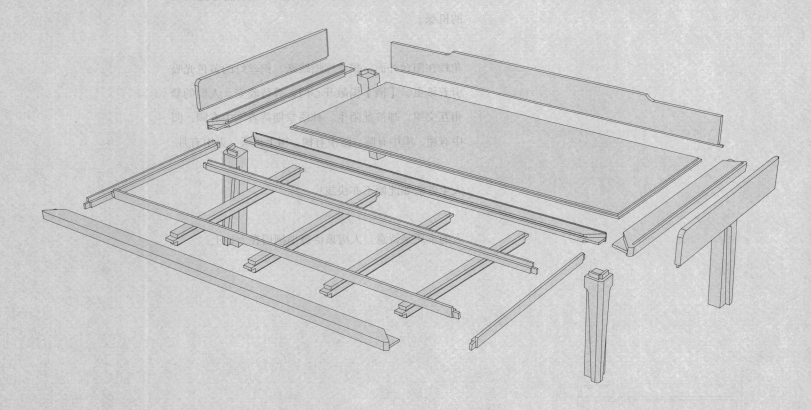

孔明灯暖暖升起，化作星月。莲花纸船载着点点烛火，推离岸边。池水装满硬币，古树坠满红丝缎，佛院古刹香烟缭绕。"祈愿"之于人类，如饮食起居，是神秘的、信仰的，也是寻常的。

生者，有数不尽的念头，为财富、姻缘、功名、康寿。天灾在庇佑中过去，人祸在命运中存活，逝者在彼岸安息。当明日变幻莫测，当旅程曲折波澜，对于那些尽人事的人们来说，则进一步将"祈愿"变成了内心自我的慰藉和存在主义转向神学的证明。

心中的默念也好，悠扬的圣音也好，每一次的祈愿总是充满希望。很多时候，也正是因为希望，才有了一次次重新启程和继续探险的力量。因此，我们试着不为自己的虚妄而懊恼。

事实上，你我都是需要希望的人。一柄椅，一张榻，坐卧之间，举手投足，不在乎焚香与鸣钟，但愿福禄寿相伴。我们皆凡人，凡人皆有求。有求需诚心，有求尽人力。美好的祈愿，是因；往后的所有，是果。愿因果相随。

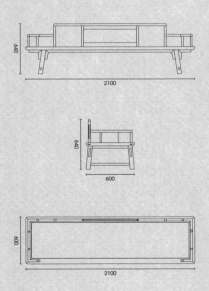

尺寸：L2100mm × W600mm × H640mm
材质：黑檀

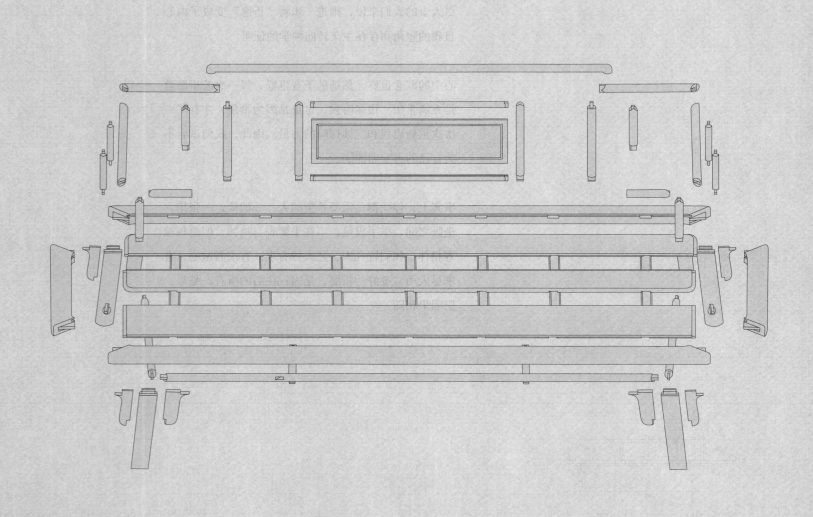

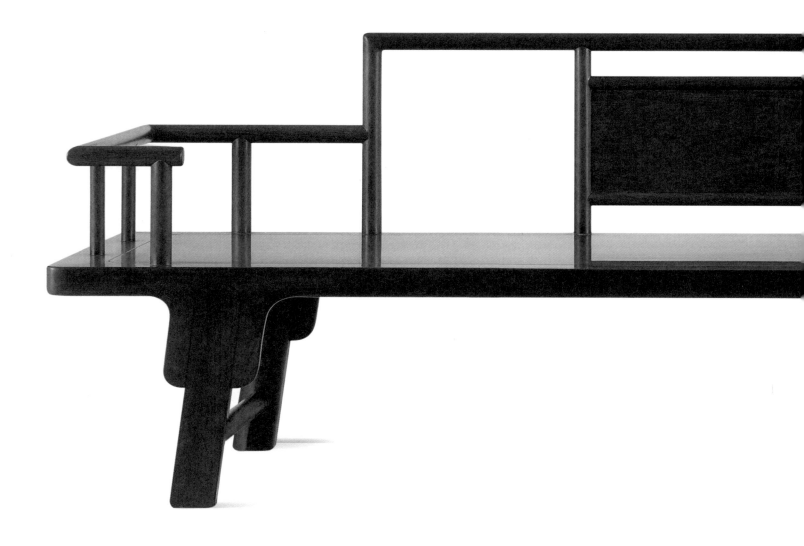

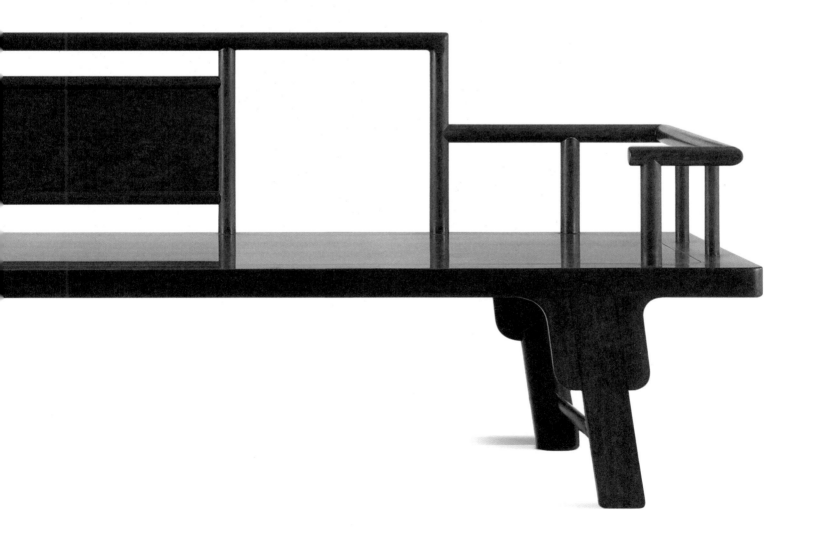

日本神话里，风神志那都比古手中会拿一个长条状的大口袋，袋里装的就是风。有人说，风似乎就是一根香肠的样子。

所以风，有形状吗？

我们经常看到风，它存在于芦苇婆娑的间隙，停留在女孩黑亮的发梢。风是草浪连绵，柳浪闻莺，野花点头；风是疏影横斜，月若隐若现；是行云流水，时断时续。

有人说，风是有纹路的。当石块暴露在大地表面，风一遍遍经过，就会露出痕迹——一条条裂痕，深浅不一，恰和【风】上的木纹别无二致。

当然，【风】本意并非想要捕捉到风。两侧通透的扶手任风在怀中肆意，并不会拦住一丝一缕。正中座面平静得像一潭湖水，如同田原诗中所写："只要不把它想成一片死水，湖面的波纹就会温柔地漾动，风会穿过密林吹弯湖底的水草。"

【风】生来像矗立了几个世纪一样，包裹着风云际会、沧海桑田。我想当代家具美学也需要刮一场大风，让朴素的古人生活美学随传统文化重新飞上国民心头。

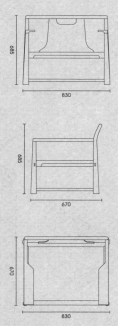

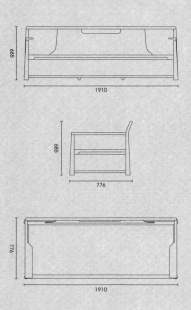

尺寸：L830mm × W670mm × H685mm
尺寸：L1910mm × W776mm × H685mm
材质：黑檀

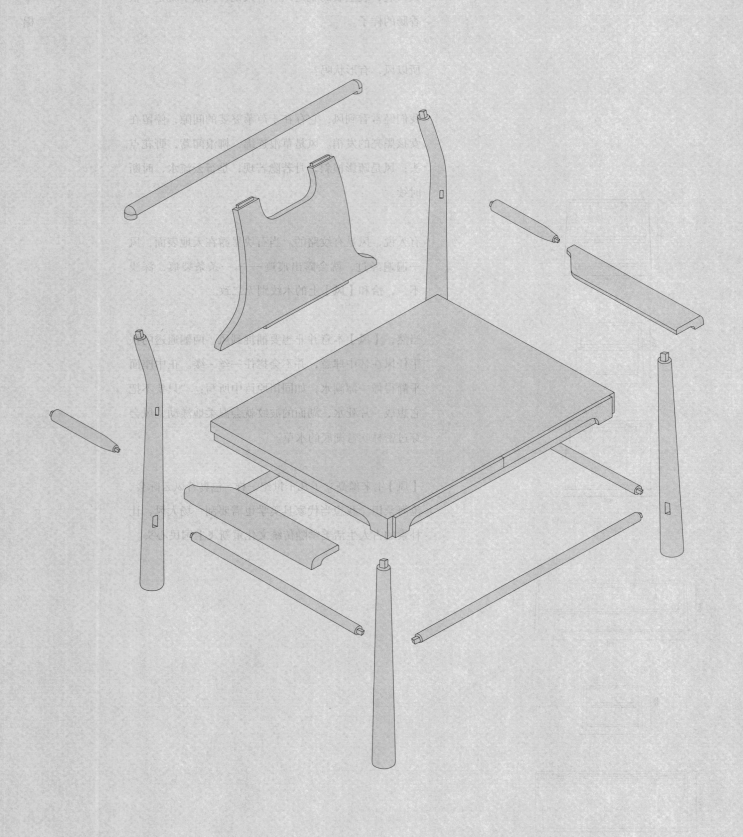

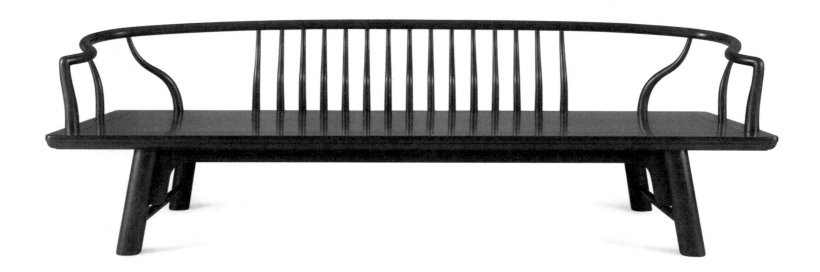

我们都听着故事长大。床边的童话故事虚构出整个世界，一千零一夜是个开始，却不知疲倦地结束。

故事为人提供了一次次俯视生活的机会。回忆过去，看到自己的故事；倾诉心事，成为了别人的故事。我们是讲故事的人，也在故事之中。于是，将死的麦克白夫人感叹："人生不过是一个行走的影子……它是一个愚人所讲的故事，充满着喧哗和骚动，却找不到一点意义。"

但我们需要故事。有人说："人是漫天繁星，故事就是星座。"故事将人与事连成线，线交织创造了无数又无数个人生。或许没有故事，也就没有了因果；丢失美好的故事、前人的故事，世界将去向何方呢？

从前的从前，我们每个人在故事中相遇。遇见山涧溪水常年不涸，在坡背上滑落；遇见沙漠暴雨，冲洗了海底万里；遇见湖面不惊，升腾起蓬莱仙阁。我们只是坐在榻前，却遇见平淡生活里，出现的你。

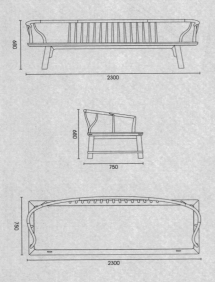

尺寸：L2300mm × W750mm × H680mm
材质：黑檀

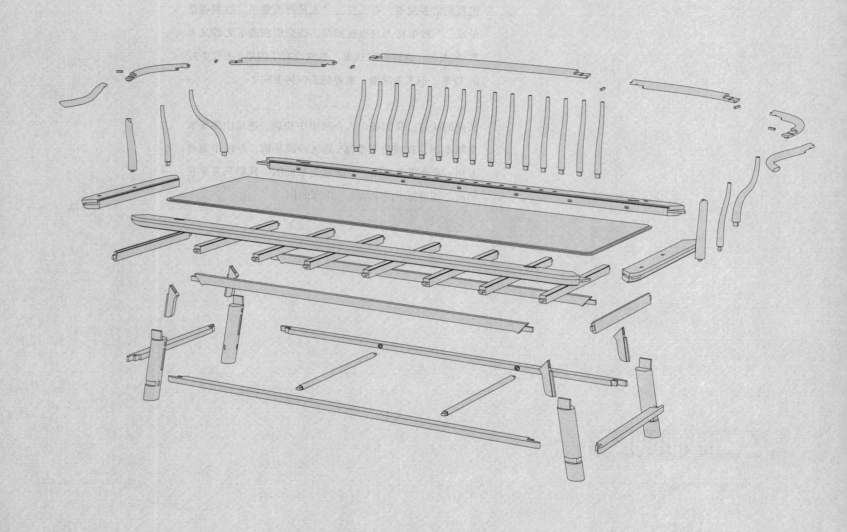

作品索引

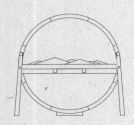

镜·椅

–

尺寸：L820mm × W525mm × H775mm

材质：黑檀

–

P003 →

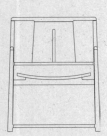

尊·椅

–

尺寸：L680mm × W580mm × H860mm

材质：黑檀

–

P013 →

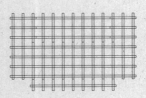

熙·椅

–

尺寸：L945mm × W720mm × H600mm

材质：黑檀、缅花

–

P019 →

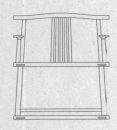

交·椅

–

尺寸：L680mm × W666mm × H785mm

材质：黑檀

–

P029 →

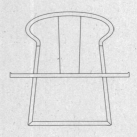

简·椅

–

尺寸：L940mm × W690mm × H930mm

材质：黑檀、红檀

–

P035 →

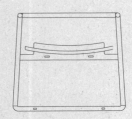

品·椅

–

尺寸：L695mm × W660mm × H620mm

材质：黑檀

–

P045 →

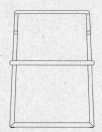

端·椅

尺寸：L600mm×W490mm×H860mm
材质：红檀

—

P051 →

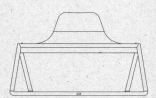

贵·椅

—

尺寸：L975mm×W600mm×H610mm
材质：黑檀

—

P061 →

态·椅

—

尺寸：L720mm×W630mm×H585mm
材质：红檀

—

P067 →

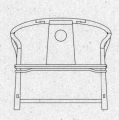

层·椅

—

尺寸：L700mm×W620mm×H660mm
材质：黑檀、红檀

—

P073 →

禅·椅

—

尺寸：L750mm×W665mm×H765mm
材质：黑檀

—

P079 →

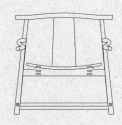

宽·椅

尺寸：L750mm×W650mm×H785mm
材质：黑檀、檀香

—

P085 →

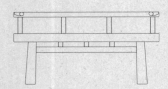

围·椅

–

尺寸：L990mm × W750mm × H510mm

材质：黑檀、檀香

–

P107 →

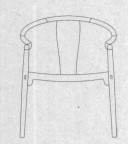

舒·椅

–

尺寸：L720mm × W630mm × H585mm

材质：胡桃木

–

P117 →

云·椅

–

尺寸：L888mm × W525mm × H645mm

材质：黑檀

–

P123 →

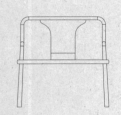

涟·椅

–

尺寸：L680mm × W640mm × H690mm

材质：黑檀、檀香、红檀

–

P133 →

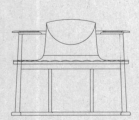

扇·椅

–

尺寸：L888mm × W575mm × H740mm

材质：黑檀

–

P139 →

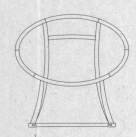

间·椅

–

尺寸：L870mm × W675mm × H885mm

材质：黑檀

–

P149 →

善 · 椅
_
尺寸：L460mm × W500mm × H736mm
材质：黑檀
_
P155 →

文 · 椅
_
尺寸：L490mm × W540mm × H730mm
材质：黑檀
_
P165 →

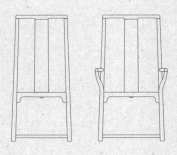

崇 · 椅
_
尺寸：L510mm × W515mm × H1100mm
尺寸：L610mm × W585mm × H1100mm
材质：黑檀
_
P171 →

思 · 椅
_
尺寸：L680mm × W600mm × H775mm
材质：黑檀、檀香
_
P177 →

远 · 椅
_
尺寸：L760mm × W540mm × H815mm
材质：黑檀、檀香
_
P183 →

闲 · 椅
_
尺寸：L760mm × W580mm × H780mm
材质：黑檀
_
P189 →

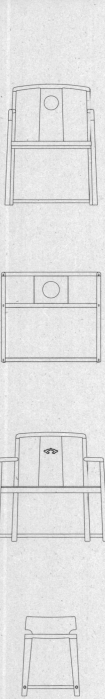

君 · 椅
–
尺寸：L600mm × W564mm × H808mm
材质：黑檀、檀香
–
P211 →

框 · 椅
–
尺寸：L700mm × W560mm × H650mm
材质：檀香
–
P221 →

观 · 椅
–
尺寸：L825mm × W610mm × H810mm
材质：黑檀
–
P227 →

珑 · 凳
–
尺寸：L380mm × W380mm × H540mm
材质：黑檀
–
P233 →

高 · 凳
–
尺寸：L420mm × W420mm × H905mm
材质：黑檀
–
P239 →

聚 · 凳
–
尺寸：L380mm × W380mm × H450mm
材质：黑檀
–
P240 →

卷·凳
–
尺寸：L460mm × W460mm × H500mm
材质：黑檀
–
P245 →

童·凳
–
尺寸：L440mm × W440mm × H340mm
材质：黑檀
–
P251 →

承·凳
–
尺寸：L680mm × W280mm × H340mm
材质：黑檀、红檀
–
P257 →

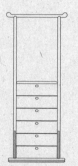

提·箱
–
尺寸：L460mm × W310mm × H1110mm
材质：黑檀
–
P263 →

聚·桌
–
尺寸：L1800mm × W800mm × H720mm
材质：黑檀
–
P264 →

方·桌
–
尺寸：L800mm × W800mm × H800mm
材质：黑檀
–
P269 →

季·桌
–
尺寸：L770mm × W770mm × H700mm
材质：黑檀
–
P275 →

琴·桌
–
尺寸：L1278mm × W462mm × H700mm
材质：黑檀
–
P276 →

影·桌
–
尺寸：L810mm × W480mm × H1230mm
材质：黑檀
–
P281 →

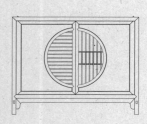

明·柜
–
尺寸：L900mm × W400mm × H720mm
材质：黑檀
–
P287 →

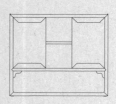

茶·柜
–
尺寸：L840mm × W360mm × H730mm
材质：黑檀
–
P288 →

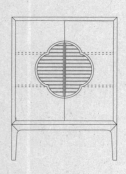

棠·柜
–
尺寸：L860mm × W400mm × H1200mm
材质：黑檀
–
P293 →

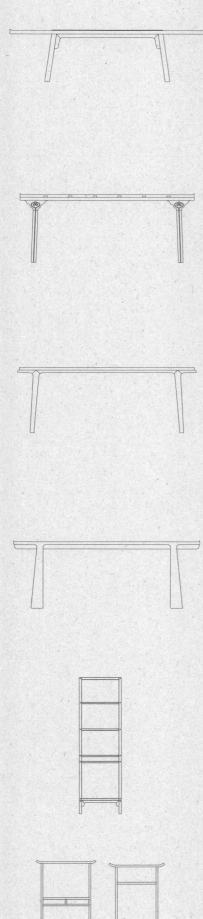

承·案
–
尺寸：L2100mm × W600mm × H580mm
材质：黑檀
–
P315 →

翘·案
–
尺寸：L1830mm × W530mm × H740mm
材质：黑檀
–
P321 →

画·案
–
尺寸：L1980mm × W650mm × H760mm
材质：黑檀
–
P322 →

厚·案
–
尺寸：L1980mm × W760mm × H750mm
材质：黑檀
–
P327 →

格·架
–
尺寸：L540mm × W360mm × H1800mm
材质：黑檀、檀香
–
P333 →

桁·架
–
尺寸：L865mm × W348mm × H1760mm
尺寸：L760mm × W360mm × H1600mm
材质：黑檀、檀香
–
P339 →

叙·几
–
尺寸：L1280mm × W860mm × H460mm
材质：黑檀
–
P340 →

回·几
–
尺寸：L1000mm × W1000mm × H350mm
材质：黑檀、檀香
–
P345 →

平·几
–
尺寸：L1190mm × W1190mm × H360mm
材质：黑檀
–
P351 →

墨·几
–
尺寸：L1280mm × W600mm × H330mm
材质：黑檀
–
P352 →

兰·几
–
尺寸：L360mm × W360mm × H1170mm
材质：黑檀、黑酸枝
–
P357 →

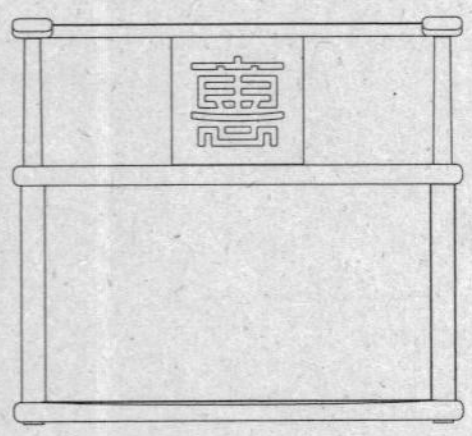

惠·椅
–
尺寸：L680mm × W640mm × H630mm
材质：黑檀、红檀
–
P363 →

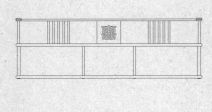

惠·榻

尺寸：L2040mm × W730mm × H690mm
材质：黑檀
–
P363 →

栖·榻
–
尺寸：L1580mm × W760mm × H500mm
材质：黑檀
–
P369 →

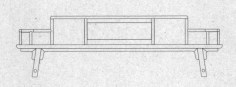

吉·榻
–
尺寸：L2100mm × W600mm × H640mm
材质：黑檀
–
P375 →

风·椅
–
尺寸：L830mm × W670mm × H685mm
材质：黑檀
–
P381 →

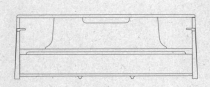

风·榻
–
尺寸：L1910mm × W776mm × H685mm
材质：黑檀
–
P381 →

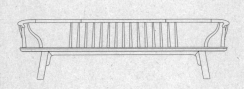

叙·榻
–
尺寸：L2300mm × W750mm × H680mm
材质：黑檀
–
P387 →

洪 卫

1971 年生于湖南醴陵

国际平面设计联盟 AGI 会员

日本字体设计协会 JTA 会员

深圳平面设计师协会 SGDA 会员

中国出版协会装帧艺术工作委员会委员

荣获国内国际设计大奖 200 余项：

日本字体设计协会 Applied Typography 全场大奖、5 项 Best Work 奖、1 项评审选择奖、100 项优异奖

日本东京字体指导俱乐部 Tokyo TDC 13 项优异奖

日本富山国际海报三年展优异奖

美国纽约字体艺术指导协会 NY TDC 优异奖

美国纽约艺术指导协会 The Art Directors Club 优异奖

美国 One Show Design 银铅笔奖、2 项优异奖

美国 Communication Arts 优异奖

德国国家设计奖 German Design Award 2 项 winner 奖、1 项特别提名奖

德国红点 Red Dot Award 3 项传达设计大奖

亚洲最具影响力设计大奖 1 项金奖、1 项银奖、2 项铜奖

香港环球设计大奖 HKDA GDA 2 项评审奖、2 项银奖、11 项铜奖、14 项优异奖

香港国际海报三年展 2 项优异奖

澳门设计双年展 1 项铜奖、4 项优异奖

台湾金点设计奖 3 项设计奖

平面设计在中国展 GDC 1 项银奖、2 项提名奖、35 项优异奖

国际商标标志双年奖 2 项金奖、1 项铜奖、1 项优异奖

第四届中国出版政府奖装帧设计奖 1 项提名奖

三度"中国最美的书"奖

第八届全国书籍设计艺术展 1 项金奖、1 项铜奖

第十二届全国美展 2 项优异奖

中国国际海报双年展 1 项铜奖、2 项优异奖

中国设计红星奖

中国设计智造大奖 TOP100

深圳环球设计大奖 1 项提名奖、11 项优异奖

著作：

《混设计》（2010 年"中国最美的书"奖）

《来自洪卫的礼物》（2014 年"中国最美的书"奖）

《爱不释手》（2015 年"中国最美的书"奖）

《九十九》（2016 年"中国最美的书"奖）

获邀参与多项重大设计项目：

第 5 届东亚运动会中国代表团颁奖服及形象

第 21 届温哥华冬季奥运会中国代表团领奖服及形象

广东省形象标志

广州图书馆新馆标志

上海世博会广东馆标志

作品在多家美术馆、博物馆展出及收藏：

日本东京 ggg 画廊

德国汉堡工艺美术博物馆

德国埃森 Folkwang 博物馆

美国奥本大学

中国美术学院

宁波美术馆

关山月美术馆

香港文化博物馆

特别敬谢

萧社和

敬谢

［英］夏洛蒂·菲尔

［英］彼　得·菲尔

马未都

韩望喜

吴　勇

黄定中

马　书

瞿　铮

令狐磊

许礼贤

韩礼光

耿新杯

摄影

黄朝英

图书在版编目（CIP）数据

观照：栖居的哲学 / 洪卫著 . -- 上海：上海古籍
出版社 , 2019.10
ISBN 978-7-5325-9363-7
Ⅰ . ①观… Ⅱ . ①洪… Ⅲ . ①仿古家具—中国—明清
时代—图集 Ⅳ . ① TS666.204-64
中国版本图书馆 CIP 数据核字 (2019) 第 216426 号

责任编辑：石帅帅
书籍设计：潘焰荣
技术编辑：耿莹祎

观照——栖居的哲学
洪卫　著

上海古籍出版社出版发行
（上海瑞金二路 272 号　邮政编码 200020）
网址：www.guji.com.cn
E-mail：gujil@guji.com.cn
易文网网址：www.ewen.co
南京新世纪联盟印务有限公司印刷
开本 787×1092　1/8　印张 52　字数 326,000
2019 年 10 月第 1 版　2019 年 10 月第 1 次印刷
ISBN 978-7-5325-9363-7
J・621　定价 598.00 元

如有质量问题，请与承印公司联系